U0220815

中西合璧的营造

南京民国建筑装饰艺术　　　　钱海月 著

河海大学出版社
HOHAI UNIVERSITY PRESS
·南京·

图书在版编目（CIP）数据

中西合璧的营造：南京民国建筑装饰艺术／钱海月
著 . -- 南京：河海大学出版社，2024.2
ISBN 978-7-5630-8897-3

Ⅰ.①中… Ⅱ.①钱… Ⅲ.①建筑装饰—研究—南京
—民国 Ⅳ.① TU767

中国国家版本馆 CIP 数据核字 (2024) 第 051873 号

书　　名／中西合璧的营造：南京民国建筑装饰艺术
ZHONGXI-HEBI DE YINGZAO:
NANJING MINGUO JIANZHU ZHUANGSHI YISHU
书　　号／ ISBN 978-7-5630-8897-3
责任编辑／周　贤
特约校对／温丽敏
装帧设计／张育智　吴晨迪
出版发行／河海大学出版社
地　　址／南京市西康路 1 号（邮编：210098）
网　　址／ http://www.hhup.com
电　　话／（025）83786678（总编室）
　　　　　（025）83722833（营销部）
印　　刷／苏州市越洋印刷有限公司
开　　本／ 890mm×1240mm　1/32
印　　张／ 11.75
字　　数／ 269 千字
版　　次／ 2024 年 2 月第 1 版
印　　次／ 2024 年 2 月第 1 次印刷
定　　价／ 148.00 元

前　言

　　在中国近代历史中，民国时期的建筑是我们民族建筑发展中的一份宝贵遗产。江苏省省会南京市，古称金陵、建康，是我国东部特大城市，也是国内著名的历史文化名城、全国重要的科研教育基地和综合交通枢纽，被称作"民国建筑的大本营"。因此，南京遗存的各类民国建筑是历史变迁、社会更迭、建筑文化的一个缩影。

　　民国初年，一批批从欧、美、日留学归国的优秀人才，尤其是青年建筑师们施展才华，积极投身到当时的建设洪流中，为南京设计、营造了很多流派纷呈、造型独特的优秀建筑作品，这些日后成为南京近现代城市版图、规划的重要实物，也给我国近代建筑史书写了精彩的一笔，给后人留下很多值得学习和借鉴的文化遗产。由于民国建筑是在时代大变革的背景下产生的，其继承了民族传统建筑文化符号，同时体现了西方建筑元素，因而这种建筑艺术形式成为近代文明发展中，城市历史、建筑历史上的"独一味"，具有了更加特别、特殊的文化烙印。时光如流水，一去不复还，历史留存下来的只有前人的智慧、精神和物质遗迹。面对民国时期遗存下来的优秀建筑，我们应重视保护利用和开发，也应该积极思考和吸收这一时期建筑大师们的独具匠心。我国传统艺术博大精深、内涵丰富。建筑文化艺术追求人与自然的和谐关系的表达，突出人与自然的相互依赖，是中国传统艺术的重要组成部分。国人的审美，注重宁静、朴素、和谐的"天人合一"的美学境界，这也在建筑艺术中得到体现。对于当代的设计师、建筑师、城市规划和建设者们来说，应持续对优秀传统建筑文化进行挖掘，重现中西建筑的融合、碰撞和交流。

希望本书的研究，能为现代建筑设计带来中国传统特色的新设计理念及新的思想启发，吸引更多的人关注、了解和掌握民国建筑的特点、风格以及现存建筑背后的人文精神，激发保护民国建筑的热情，推动人们去学习、继承这种建筑艺术风格。

此外，受现实条件影响，资料收集和文献对比研究，档案和史料研究，现场调研、观摩等工作受到一定的限制，因而写作过程中难免存在诸多考虑不足或者是错误之处，敬请各位专家、前辈、业界人士批评和指正。

目　录

第八章　保护·利用

第九章　传承·借鉴

01

第一章

综述

建筑艺术是历史文化的缩影，反映了特定时期的社会活动状况、特色，优秀的建筑艺术会影响当代和后世的文化发展潮流，值得人们以古鉴今、继承和发展。民国建筑的风格具有西洋与中式结合、传统与创新融合的特征。从南京现存的部分民国建筑遗迹来看，建筑的类别全、规模大、等级高，人文故事、历史及艺术的价值也很高，可以较为全面地展现自封建社会结束后，我国传统古典建筑技艺向现代建筑技术的转变，这一变化是几千年来以木作、砖瓦为主的传统建筑史上的重大演变，形成了民国建筑自有的中国艺术风格。研究民国建筑，不仅可以从史学、社会学的角度来审视，也可从建筑学、美学的视角进行探索，发掘当时设计师、建筑师们的独到理念，体会他们的匠心和专业素养，以及对待民族复兴、文化创新的工匠精神，以此来启迪当代建筑设计、装饰艺术、环境景观、城市建设等领域，开辟新的风格和形式。

1.1 民国建筑

中华历史源远流长、历久弥新，在社会的变迁、历史的更迭中，曾经出现过很多灿烂辉煌的文明印记。在近代，短暂的民国时期，留下了一些人类改变、改造、创新的文明成果。民国建筑，就是这一时期的特殊产物和宝贵财富。

1.1.1 民国建筑的概念界定

从狭义概念来看，民国建筑是指在中华民国（1912—1949）时期，由中西方的建筑师、营造厂、产权人等，在国内重要城市建造、建设的各类建筑物，包括单体建筑、建筑群等。这一时期的建筑，承上启下，是我国传统建筑向现代建筑的转折；这一时期也是国人向西方学习科学技术的一个高潮；这一时期的建筑中西合璧、相互融合，出现了很多至今仍令人叹为观止的优秀建筑。

从建筑艺术方面来看，在造型上，民国建筑已经打破了四合院、徽派或江南民居等传统民居的一些设计思想、符号应用、文化内涵、外形、造型等要素；在材料上，民国建筑更多地使用砖块、石材、水泥、玻璃、铁艺等西方建筑材料，除少部分使用木结构外，砖结构与石材立面成为现存民国建筑的主要建筑形式；在风格上，欧式与中式、古典与现代各种建筑流派交相辉映，建筑追求简化装饰，突出功能与几何造型。这些特征使得民国建筑具有鲜明的艺术风格特色，给后来的建筑文化、艺术发展等都带来了深刻、长远的影响。

人类的文明流淌在历史的长河之中，激起或斑驳、或璀璨的浪花，不同民族的人们正是在不断继承和发扬传统文化的基础上，与外来的优秀文化相融合，进行创新与创造。民国时期是一个特殊的历史时期，在那样一个动荡激昂的不平凡的年代，短短几十年形成的民国建筑风格，既继承了民族传统建筑文化符号又体现了西方建筑的元素，具有独特的精神文化和建筑审美艺术。这种建筑艺术形式成为近代文明发展中，城市历史、建筑历史上的"独一味"，具有了更加特殊的文化烙印。

1.1.2 民国建筑的产生与缘起

19 世纪末，西方国家的新思潮、新技术不断涌进，促进了中西文化、建筑艺术的融合，也推动了我国传统建筑的造型、风格、形式、审美等逐步走向现代建筑文明的新时期、新阶段。

1912 年 1 月 1 日，孙中山先生在南京宣誓就任中华民国临时大总统，自此中华民国拉开了其历史舞台的序幕，开启了南京城乃至近代中国的风雨几十载，而南京城内独具特色的民国建筑是城市发展的烙印，亦是我国近代建筑的一个重要组成部分。

从民国建立到 1949 年 10 月中华人民共和国成立，是民国建筑大量涌现的时期，当时的南京、上海、天津、北平（今北京）、青岛、重庆、广州、汉口（今武汉）、厦门、烟台、奉天（今沈阳）、大连等城市，相继涌现出了不同风格的优秀民国建筑，这些建筑种类多样、造型各异，具有独特的时代特征与审美价值。其中，作为中华民国首都的南京城，因地理位置、历史、政治等因素，民国建筑类型多、数量多，具有典型性、代表性，南京的民国建筑群体是民国城市建设快速发展的体现，也是国内很多城市参考、效仿和学习的模板。

从历史角度来看，中华民国处在一个动荡的年代，中华民族认清了落后就要挨打的历史现实，因而人们积极向西方学习，为民族复兴和强大而求新、求变；同时，大量西方文化渗透到沿海、沿江和内陆的部分地区，中西文化的结合先行于这些地区的各个行业领域，开始诞生出全新的文化形态、消费生态、生活方式。我国建筑在这一时期也进入了一个急剧变化的阶段，诞生了人们常说的"民国建筑"。民国建筑的发展历程虽然时间不长，但是对后世的影响是很深远的。

对照历史发展进程，民国建筑风格最早是由基督教传教士带入我国的，当时的基督教教堂、基督教医院和基督教学校建筑等对民国建筑产生了较大的影响。早在清朝中后期，海洋文化发展迅猛，传教文化盛行，但是，清政府对海洋发展、传教活动都不支持，随着国内外矛盾愈演愈烈，社会各阶层矛盾也日益尖锐，政局的动荡在所难免。《辛丑条约》赔款后大部分教堂被修复或者新建，此阶段是我国早期民国风格建筑的大爆发时期。1912 年开始，在中国传统建筑风格基础上，融合西方建筑风格，逐步形成独特的民国建筑风格。与民国风格建筑同时流行的还有西装、礼帽、领带、皮鞋、文明棍、旗袍、高跟鞋和丝袜，以及银行、股票、公司、工厂、企业等社会生态现象，直到 1949 年。虽然这一历史时期很短暂，但是它给后世留下来一种时代创新精神，也留下来一批中西合璧的民国建筑艺术遗产，值得我们深入思考和研究，传承其精华。

1.1.3 国内城市中有代表性的民国建筑

在 1912—1949 年间，一些重要城市中民国建筑相继出现，有的至今仍在使用，成为城市的亮点。

1. 南京

南京是中华民国的首都，这里保存的民国建筑不仅数量众多，更涉及古典主义、折中主义、传统宫殿、新民族等各种形式，完整地展示了民国建筑从单纯模仿西方到中西融会贯通的过程。具有代表性的建筑有以下几种。

（1）中山陵

中山陵，位于紫金山南麓，是我国近代伟大的民主革命先行者——孙中山先生的陵墓及其附属纪念建筑群。正因如此，南京城市的历史人文标签又多了一份厚重的色彩。经查询史料可知，中山陵的建造、建设自1926年春动工，至1929年夏天基本建成，该建筑群承载了民国大众对民族、民主、共和等的时代向往，以及希望国家富强的集体愿望，是我国近代优秀的纪念性陵墓建筑。中华人民共和国成立之后，1961年南京中山陵成为首批全国重点文物保护单位，2006年被列为首批国家重点风景名胜区和国家5A级旅游景区，至此其已经成为南京旅游的名片之一，吸引着海内外人们前来观光、祭拜。

从平面视角来看，中山陵前临缓坡平川，背依钟山青嶂，东毗灵谷寺，西邻明孝陵，整个建筑群依山势而建，气势不凡。站在中山陵的入口处向上看，中山陵建筑群由南往北沿中轴线逐渐抬高，博爱坊、墓道、陵门、石阶、碑亭、祭堂和墓室等建筑，依次排列在中轴线上。建筑群的上下高差有73米，台阶有392级，拾级而上、左右对称的格局，体现了我国传统建筑的特点与修造风格。但是，从空中俯瞰，中山陵建筑群又像一座平卧在绿绒毯上的"自由钟"，细节上也带有西方建筑群体设计的精神色彩。中山陵及其建筑群是南京民国建筑的代表作，也是近代历史重要的纪念场所，赢得中外游客的一致赞叹（图1.1）。

从细处来看，祭堂采用中国传统宫殿式建筑风格为基调，同时吸收西洋建筑的优点，使建筑更具特色；墓室则完全采用西洋建筑技法，造型和材料的结合也别出心裁。此外，中山陵建筑群内还陈设、装饰华表、石狮、铜鼎等古建部（构）件，使整个建筑群富有中华民族的建筑语言和符号特色。

总体来说，中山陵的建筑风格和设计体现出中西合璧、传统与现代融合的气势。钟山的雄伟气势、优越地势与中轴排列、阶梯向上的传统古代陵墓形制结合，配以园艺草地、宽大台阶，有机地组合成一个大的整体，营造出庄严雄伟、肃穆幽雅的场所氛围。如今的中山陵风景区，经过各方多年的保护、维护管理和建设，焕发着勃勃生机（图1.2）。

（2）总统府

南京总统府建筑群，是南京民国建筑的重要代表之一。因为总统府历经明朝（归德侯府、汉王府）、清朝（江宁织造署、两江总督署）、太平天国（天王府）、民国（中华民国临时大总统府、国民政府总统府）等多个历史时期，总统府内的建筑历史时期跨度大、种类多，院内既有中式的大屋顶建筑，又有西式楼房。总统府内的建筑有党政类建筑、园林类建筑、生活起居类建筑等，多数具有很高的审美价值，同时具有厚重的政治价值、历史价值。

南京总统府的门楼，为国民政府1929年兴建，是一座钢筋混凝土结构的西方古典门廊式建筑，这样的建筑门庭造型矗立挺拔、气质高雅。总统府内部，共分为三个参观区域：①中区（中轴线），有民国政府、总统府及所属机构等；②西区，有孙中山临时大总统办公室、秘书处和西花园等；③东区，有行政院、马厩和东花园等。在这三个基本功能区域中，近年来南京还开发利用和建设了一些必要的、重要的史料陈列、展览场所（图1.3）。

图 1.1 中山陵俯瞰（祝祖升 摄）

图 1.2 中山陵建筑的气势（作者 摄）

图 1.3 总统府的门楼（祖耀升 摄）

（3）美龄宫

美龄宫，是原国民政府主席官邸，位于钟山风景区内的小红山上，曾经是国民政府党政领导人办公、居住之所，后因宋美龄常在此居住，俗称"美龄宫"。2015 年，一组美龄宫的航拍图片震撼了人们。深秋时节，金黄色的法国梧桐围着一颗"绿宝石"吊坠，像一条项链，吊坠上的"绿宝石"便是美龄宫。美龄宫建于 1931 年，由赵志游[1](1889—1946)亲自设计，新金记康号营造厂承接施工建造。美龄宫的主体建筑外形为传统明清官式建筑式样，装饰有多重屋檐、仙人走兽、旋子彩绘，传统大屋顶覆绿色琉璃瓦，阳台的白玉栏杆上都雕刻有凤凰图案，体现出女性特征。而地下一层、地上三层的混凝土结构，铁艺的窗户、内部装饰上多有西洋风格的体现。美龄宫的内部装饰奢侈豪华，细节处展现了中西合璧的设计思想和装潢理念。美龄宫属于新民族风格建筑的创新、创造之作。它的造型、装饰等极为精美，因而曾被誉为"远东第一别墅"（图 1.4、图 1.5）。

1. 赵志游，浙江慈溪人。1905 年考入巴黎中央工艺学校攻读市政及土木工程专业；1909 年学成回国后受聘于浙江高等学堂（浙江大学前身），后参与陇海铁路建设；1930 年出任南京工务局局长。

图 1.4 美龄宫俯瞰（祖耀升 摄）

图 1.5 美龄宫平台的建筑装饰（作者 摄）

2. 上海

上海是中国历史文化名城、国家中心城市、超大城市。在民国之前，上海就已经发展成为新兴的贸易港口，有着众多的历史古迹、建筑遗存。上海自 1843 年开埠成为通商口岸，十里洋场、华洋并处，成为奢靡繁华之地，并迅速发展成为远东第一大城市。中华民国成立之后，上海与欧美的经济贸易往来、文化交流已经非常频繁，上海的外国人人口数量很高，是一座名副其实的国际大都市，国民政府还将上海设立为特别市。改革开放以来，上海的现代化进程加快，整个城市被现代化的建筑、桥梁和道路覆盖，在外滩、黄浦江、杨树浦、山阴等区域还保留着很多民国时期的建筑遗迹。时过境迁，历史留下的那些民国建筑、人文故事，依然印证着这座"魔都"的荣辱兴衰、灿烂辉煌。现在，人们到上海旅游，仍可参观和游览这些民国时期的建筑。知名的上海民国建筑有：①黄浦滩建筑群。黄浦滩，即外滩，最早是旧上海租界区，如今已经发展为上海的标志性地段，在近两千米长的外滩西侧有 52 幢古典建筑，这些建筑风格迥异，具有英式、意式、法式、西班牙式等不同风格，很多建筑造型精美、高大壮观，有突出的审美价值。上海外滩拥有诸多中国近现代重要史迹及代表性建筑群，是海内外游览者的好去处，也被称为"万国建筑博览群"。②上海和平饭店。建于 1929 年，是上海近代建筑史上第一幢现代派建筑，因其荣耀、传奇、奢华以及辉煌的历史，被评为"中国首家世界著名饭店"。屋顶为巨大的绿色铜护套，外墙由花岗岩石块砌成，九国式特色套房（九国套房[1]）是其最大特色，充分反映出和平饭店的国际特征，是当时庆祝名望、成就和胜利的不二之选。③百乐门舞厅。1932 年开工兴建，是上海地标性建筑之一。百乐门建筑造型为美国近代式，其中，舞厅设施在当时的上海堪称一流。起初，百乐门偌大的舞池中没有一根柱子，空间设计开放大胆、自由、利用率高。该舞厅建成后，号称"远东第一乐府"，成为陆根记营造厂的经典作品。④上海海关

1. 九国套房是酒店创始人沙逊的畅想和理念，要把不同国家的风情尽数纳入和平饭店。九国指的是中国、美国、英国、德国、法国、意大利、西班牙、印度和日本。中国套房内的半月形门廊充满了民族特色；英国套房内年代久远的木质地板、玫瑰花纹的顶部雕刻彰显了时光的印迹；美国套房内宽阔的壁炉和 Art Deco 装饰派艺术令人印象深刻；日本套房的和式移门和榻榻米给人静谧温馨之感；印度套房内有清真寺似的穹顶、印度特色的花纹装饰，整体色调明丽；法国、德国、西班牙、意大利这些欧洲套房内有精美砖式壁炉，木质地板配深色豪华地毯、彩色装饰线条，风格独特。

大楼。最早于 1845 年建造，1925 年底，新的江海北关重建，由汇丰银行的设计者 Wilson 设计，于 1927 年 12 月落成。最著名的是它高高耸立的钟楼和大钟，号称"亚洲第一大钟"。大楼大门的设计为古希腊神庙形式，四根经典的多立克柱支撑起庞大的建筑，给人以刚毅、神圣和不可侵犯的视域体会。海关大楼与雍容典雅的汇丰银行大楼比肩而立，被称为"姐妹楼"，都具有极高的建筑艺术价值。⑤历史文化风貌保护区——山阴路。上海的山阴路，有很多民国时期的各式名人旧宅、有代表性的民居弄堂和独立住宅。得益于保护措施，这些民居还保留着民国时期的风韵。此外，上海的著名民国建筑还有：原上海邮政总局大楼、原南京大戏院（今上海音乐厅）、原跑马总会大楼、原海军俱乐部、原汉弥尔登大楼、哥伦比亚乡村俱乐部旧址、新亚大酒店、华安大厦、建设大楼、上海大世界建筑群、西侨青年会大楼、孙科别墅、黑石公寓等。

3. 天津

清末天津被辟为通商口岸后，西方列强纷纷在此设立租界，自此吸引了更多的外来文明与文化，逐渐成为融合中西、融通海洋的重要贸易港口城市。正是由于历史、地理等原因，近代的天津向外界开埠较早，素有"万国建筑博览会"之称，城市建筑独具特色。在天津，人们可以看到英国中古式、德国哥特式、法国罗曼式、俄国古典式、希腊雅典式、日本帝冠式[1]等不同风格的建筑遗迹。

"小洋楼"。冯国璋（北洋三杰之一）天津故居。原建筑为奥匈帝国的工程师布吕纳（Bruna）建造的事务所，1913 年冯国璋购买后又委托德国建筑师按原建筑风貌进行扩建和接建。现为三所砖木结构的二层楼房，共有楼房 110 间，其中平房 54 间，临街的别墅主体为二层，中间局部为三层，上有一圆穹顶。该建筑顶部为多坡瓦顶，屋面有欧式"老虎窗"，中部穹顶两侧各有一三角形山花。该故居建筑风格令人印象深刻。

1. 帝冠式建筑是日本在昭和初期（主要为 20 世纪 30 年代）所流行以现代的钢筋混凝土结构建造、但拥有日式传统造型的现代建筑，属于广义的和洋折中建筑流派。

汤玉麟故居。建于 1912 年，是一座具有典型意大利文艺复兴时期风格的三层楼房，带地下室，窗户上檐为尖拱，造型豪华、陈设华丽，是当时天津最为显赫的豪宅之一。汤玉麟故居在建筑风格形式、建筑艺术特色与装潢装饰上都很有西洋古典建筑的特点。

国民饭店。1923 年落成开业于天津和平路上，地处繁华的市中心，有客房 160 间，历史悠久、中外驰名，是当时上流社会人士出入的场所。该建筑主楼为砖木结构的法式建筑，外墙采用石材饰面，有雕刻、花纹，顶部为平屋顶，檐部出挑，同时屋顶有穹顶拱券、塔楼。该建筑大门、立面有罗马柱式，首层外立面为混水墙面，呈现出仿石材的效果，突出庄重、稳固和典雅。

意大利兵营。建于 1916 年，是天津典型的一幢意大利式建筑，建筑为呈直角形的两幢高大的三层坡顶楼房，由主楼与配楼组成，均为砖木结构。此建筑是全国该类建筑中唯一保存完整的典型的意大利风格建筑。

除此以外，天津的民国建筑还有袁氏宅邸、华世奎故居、原圣心堂旧址、吉鸿昌旧宅、渤海大楼、电报总局旧址、张学良故居、天主教西开总堂、天津劝业场等，尤其是在天津城中"五大道"地区有千处西洋风格的花园式房屋，其中风貌建筑和名人名居有三百多处。天津作为近代租界城市，拥有的这一批没有被自然、人为损毁的建筑，具有十分重要的历史见证作用和艺术人文价值。

4. 汉口

汉口（今武汉），曾被称为"东方芝加哥"，源于 19 世纪末汉口开埠，便利的交通位置、优越的地理环境、丰富的水利资源等因素使其在近代早期成为最重要的对外贸易口岸之一。汉口近代建筑群主要有英、法、德、俄、美等领事馆旧址相关建筑，以及各类银行大楼、故居别墅等，多是用近代建筑材料建造的中西结合的新式建筑，有代表性的包括：①汉口汇丰银行大楼。建于 1913—1920 年，汉口汇丰银行是上海汇丰银行在汉口投资设立的分行。汇丰银行大楼正面立一列巨型石柱形成柱廊，爱奥尼式柱头，有旋涡花饰，细而高；主体大楼建筑典雅、雄浑、高大，具有古希腊建筑的风格。②汉口横滨正金银行大楼。横滨正金银行是日本半官方银行，青岛等多地都有分行。汉口的银行大楼为四层，由著名建筑设计机构——英资景明洋行（Hemmings&Berkley）设计。横滨正金银行大楼是景明洋行在汉口留下的建筑精品之一。③江汉关大楼。其坐南朝北，呈对称布局，由主楼及其顶部的钟楼组成，总高度45.85米，为当时武汉最高的建筑物。其中，顶部典雅的钟楼高约23.1米，主要放置海关大钟设备，兼临江灯塔和观测瞭望水位之用。大楼由上海英资思九生洋行设计，上海魏清记营造厂（创办人魏清涛，浙江余姚人）承建，1922年动工建造，1924年落成，是我国现存最早的三座海关大楼之一。江汉关大楼主体为钢筋混凝土结构，建筑四周有立柱，融合了欧洲文艺复兴时期的建筑风格和英国钟楼建筑风格，大楼至今发挥着使用功能。江汉关大楼是著名的江汉路步行街上最重要的一座百年以上的历史建筑。

此外，武汉的民国建筑还有花旗银行大楼旧址、原台湾银行汉口分行、原聚兴诚银行、原中国国货公司、原汉口大清银行、武汉大学的民国建筑群、原上海银行员工宿舍、四明银行汉口分行旧址、原日清洋行、德国领事馆旧址、俄商新泰大楼旧址、汉口英商电灯公司旧址、汉口景明大楼、水塔等。

5. 重庆

重庆是内陆沿江的重要城市，依靠三江汇集的独特地理位置和水陆交通优势，自古以来就是贸易、信息交流的重要商埠。1891年3月1日，重庆海关正式成立，对外开埠。开埠后，蜂拥而来的外国商人中，最引人注目的是英国冒险家、商人阿奇博尔德·约翰·立德乐。他于1896年在重庆创办洋行，拉开了西方国家在我国西部开展贸易的历史序幕。

龙门浩街区由两百多幢不同时期的建筑组成，其中包含了18栋优秀历史文物建筑。自重庆开埠起，这里就成为洋人、洋货聚集的重要内陆通商口岸之一。洋派建筑在这片垂直高度40m的山坡上，留下了至今仍可追溯的历史痕迹。目前，龙门浩地区留存有原海关别墅、立德乐洋行、卜内门洋行等开埠时期的历史建筑。

民国中后期，抗日战争爆发，不久首都南京被日寇攻占，国民政府将重庆定为战时陪都，一边重建政治经济，一边进行抗日斗争。当时重庆聚集了诸多精英阶层和名流人士，迄今重庆仍保存着200多处民国时期的陪都遗迹，颇为难得，值得加强保护和维护。山城独特的地理环境，让这里的民国建筑呈现出不同于其他城市的样貌。重庆的民国建筑有桂园、曾家岩"周公馆"、美龄舞厅、苏联使馆别墅、宋美龄旧居、美龄楼、马歇尔"草亭"等。具有代表性的有：①国民政府行政院旧址。该建筑于19世纪末由德国人修建，是一座砖木结构的仿巴洛克式建筑。原为德国天主教堂，后为重庆陪都时期国民政府最高行政机构，是陪都遗址中保护得较为完好的一处。②重庆桂园。是一幢建于20世纪30年代的青砖小院，原是国民政府军事委员会政治部部长张治中的公馆，他亲手种植桂花树，并用其父名"桂徵"将小院命名为"桂园"。主楼为两层的砖木结构，灰砖外墙、圆拱窗户，内部装饰中西融合。1945年8月，重庆谈判期间，毛泽东同志曾在此处办公、会客。

6. 广州

广州是广东省的省会，是国内最发达的城市之一。作为近代最早开埠的通商口岸，广州一直保持着较好的国际通商贸易关系。

广州的文物古迹众多，近代革命历史纪念地有农民运动讲习所旧址、广州起义烈士陵园、黄花岗七十二烈士墓园、黄埔军校旧址、中山纪念堂、海员亭、洪秀全故居等。其中，较有代表性的是：①中山纪念堂。这是一幢纪念性建筑物，于 1931 年落成。主体建筑是一座八角形古宫殿式的建筑物，以蓝色和红色为主色调，檐下有孙中山先生书写的"天下为公"漆金字匾。堂内采用钢筋混凝土结构，空间开阔，视觉效果极佳。②中山图书馆旧址。它是由美洲华侨捐资修建、林克明（1900—1999）¹设计的一幢中西合璧的宫殿式建筑，1933 年 10 月建成，是如今广州市民常去的地方之一。中山图书馆的楼体坐西向东，整体呈方形，楼高有两层，四角为亭屋，呈典型的传统建筑风格。

以上所述民国建筑，是中国近代历史的缩影，在这个时期，我国各地重要城市的规划建设、建筑建造都走向西洋化、欧美化；洋楼建筑的引入和发展，是我国传统建筑文化与世界建筑文化相融合的契机，成为建筑科学发展的基础、起点，逐步完成了古代传统建筑向现代建筑的演进。

1. 林克明，广东东莞人。中国近代建筑的先驱，建筑学家，毕业于法国里昂建筑工程学院，回国后为广州城市建筑设计立下汗马功劳。代表作品有中山文献馆、华南理工大学建筑群、广州市政府合署办公楼等。

1.2 南京民国建筑

1.2.1 基本含义

从狭义概念来看，南京民国建筑是指民国时期南京地区兴建（包括修建、复建、新建）的官方、公共和私人等各类建筑。相较于国内其他城市的民国建筑，南京民国建筑不全是西洋风格，其中西结合风格之下，还由本民族大江南北的诸多元素融合而成。所以说，南京民国建筑兼顾中西、美轮美奂，具有独特的魅力。

作为民国时期的首都，南京的民国建筑与上海、天津、广州等城市相比，没有那么明显的"西洋化"。南京民国建筑兼容中外、融汇大江南北，在那个特定历史时期成为中外建筑艺术融合的典范。抛开历史、政治、文化、材料等因素的变迁来看南京民国建筑都是不客观的；撇开设计师、建筑师、国人营造厂、工匠等因素来看南京民国建筑都是不全面的。

1.2.2 发展阶段

南京的民国建筑与民国的历史、社会和文化发展息息相关。中华民国定都之后，南京迎来了建设的黄金期，尤其是1927—1937年间，出现了大量的优秀建筑，值得后人从建筑艺术角度进行学习、剖析、传承和借鉴。

鸦片战争的爆发，使我国进入了近代文明发展阶段，在风云激荡的 1840—1949 年间，通过向西方工业文明、军事、文化、经济借鉴学习以及创新发展，我国千百年来的传统建筑文化、技艺与西方古典建筑文化、艺术有了交流及融合的机会。

有很多研究者、学者对南京的民国建筑历史做了总结，总体归纳为以下几个发展阶段（表 1-1）。

表 1-1　南京民国建筑发展阶段

发展阶段	大事件	建筑发展
起步期 / 产生期 (1912—1919)	(1) 孙中山在南京就任临时大总统,中华民国建立; (2) 北洋政府时期	刚刚推翻封建社会,大多数建筑仍采用传统建筑风格,部分建筑采用西方建筑风格。总体上,推崇西洋风格的建筑是当时的主流之一
转型期 / 融合期 (1919—1927)	(1) 五四运动爆发; (2) 留洋建筑师回国; (3) 军阀混战	社会的进步,让科学与民主的思想得到了宣传,"五四风雷"影响了当时中国社会各界,也包括建筑界。一批学有所成的留学建筑师从海外回国,打破了西方建筑师垄断国内建筑市场的局面。中西文化的碰撞、融合开始在建筑界体现
高潮期 / 鼎盛期 (1927—1937)	(1) 实施《首都计划》[1]; (2) 修建政府机构办公房、各大使馆、公馆别墅、各大公司或银行在南京的分支机构,各学府、文教科研机构陆续建立; (3) 城市规划中许多项目未能按计划完成,未完全实施完毕	作为民国首都,经过这"黄金十年"的持续建设,城市面貌有了很大改观,初步具备了现代城市的雏形,交通功能区、生活区、商业区的基础建设和建筑开发都有了飞跃。这一时期建筑风格多样,设计、建造上中西结合、兼容并包。尤其是在《首都计划》的推进下,城市规划和建设都取得了很大的成就

1.《首都计划》,是我国近代比较系统的一部城市规划。于 1929 年 12 月 31 日正式公布,其内容包括人口预测、功能分区、交通计划、市政工程、城市管理等方面。

续表

发展阶段	大事件	建筑发展
停滞期 / 低谷期 （1937—1945）	（1）抗日战争全面爆发； （2）南京大屠杀； （3）日伪统治南京	因抗日战争全面爆发，南京城内外许多建筑物惨遭日寇焚毁、破坏，南京的城市建设处于停滞状态
重建期 / 恢复期 （1945—1949）	（1）日本投降，国民政府由陪都重庆还都南京； （2）解放战争	抗日战争结束后，因国民政府机关、学校、工厂企业陆续返回，南京城人气骤旺，社会和大众复建、重建的愿望迫切。但因国民政府忙于内战，财力不足，刚复苏的城市建设如昙花一现，建筑的质量也远不如抗战之前。南京1949年4月解放时，城内最高建筑仅7层

　　民国时期的南京城，经过上述五个阶段的兴衰起伏，涌现了一大批令人耳目一新的民国建筑，给南京留下了深深的印记，是南京作为民国首都的重要见证，也成为国内近代建筑从传统走向现代的一个重要开端。

1.2.3 代表建筑

　　民国时期，首都南京是政治、经济、文化的中心，产生了不少代表那个时代的标志性建筑和艺术价值较高的建筑，这些建筑是人类智慧的体现和建筑文化审美的结晶。

　　据有关报道称，南京有民国建筑1000多处（幢），其中，仅颐和路街区37.8万m2的区域内，至今保存较好的民国建筑就有200多幢。由于民国建筑多而集中，常常有人讲，南京城像是一个近现代建筑艺术博物馆。代表性的民国建筑有：中山陵、美龄宫、总统府、国民政府交通部大楼（今南京政治学院大楼）、国民政府外交部旧址（现使用者为江苏省人大常委会）、中央体育场旧址（今南京体育学院）、交通银行南京分行旧址、美国军事顾问团公寓旧址（今华东饭店）、国民政府最高法院旧址、国际联欢社旧址（今南京饭店）、原中央陆军军官学校、国民党中央党部（今江苏省军区大楼）、美国驻中华民国大使馆旧址（今江苏省省级机关招待所）、原法国驻中华民国大使馆、拉贝故居（今拉贝与国际安全区纪念馆）、首都饭店旧址（民国时期南京最豪华的宾馆）、中央博物院旧址（中华民国公共建筑遗存）、中央大学旧址（民国时期中国的最高学府，今东南大学四牌楼校区）、国民大会堂旧址（为筹备国民大会而兴建）、浦口火车站旧址（中国唯一保存民国特色的火车站），以及孙中山故居、熊斌公馆旧址、何应钦公馆旧址、顾祝同公馆旧址、桂永清公馆旧址、胡琏公馆旧址、杭立武公馆旧址、宋希濂公馆旧址、卫立煌公馆旧址、周至柔公馆旧址等。这些民国建筑设计杰作，展现了当时中西建筑艺术思潮的碰撞，令人赞叹不已。

近二十年来，南京市持续重视重要近现代建筑的保护、挂牌工作，给更多民国建筑挂上标志牌，并公布名录，让市民更加关注南京民国建筑保护的话题。南京市一批批受重点保护的民国建筑，有的已被列入"中国 20 世纪建筑遗产名录"，得到社会各界的更广泛重视和有效保护。民国建筑是"活着的遗产"，具有巨大的研究价值。

1.3 文献综述

国外研究南京民国建筑的文献有不少。美国学者郭杰伟 (Jeffrey W. Cody) 以美国建筑设计师亨利·墨菲 (Murphy) 的作品为主要研究对象，汇集并整理了大量相关书籍和文献内容，完成了《亨利·墨菲在中国的适应性建筑 1914—1935》一书[1]，详细记录了墨菲在中国主持南京城市规划、建筑设计的活动，高度评价了墨菲在中西方文化冲突的背景下，尝试将中国传统建筑风格与西方建筑风格相融合来设计民国建筑的做法；同时，该书也对 1929 年完备的《首都计划》、民国公馆建筑、民国公共建筑等进行了简要概述，值得有心之士选读。此外，英国、法国、美国、日本等国家的学者，多年以来对我国人文历史的研究、建筑技术和艺术的研究也都非常深入，此类国外学术资料和理论成果也十分丰富，值得关注。

国内有关南京民国建筑的文献资料、研究成果和理论著作很多，但是没有形成体系，更少有专门的学科或者机构来持续挖掘、开发利用南京民国建筑的艺术元素，进行传承、借鉴与创新。现有的从不同视角进行的研究，虽然是零散的，但各有亮点，以下介绍部分关于南京民国建筑的研究文献和他们所代表的研究方向。

1. 民国建筑及史学方向的研究

从建筑发展历史方面来研究，是一种最直接、最有效的

1. 方雪，冯铁宏. 一位美国建筑师在近代中国的设计实践 ——《亨利·墨菲在中国的适应性建筑 1914-1935》评介 [C]//2010 年中国近代建筑史国际研讨会论文集，2010：564-573+683.

研究途径。对历史建筑遗迹、遗存的研究，可以还原、系统总结特定历史时期、社会时代的建筑技艺、人文生态和艺术特色。这方面的相关研究文献有：（1）刘先觉的《中国近代建筑总览·南京篇》一书，包括了汇文书院钟楼、"国立东南大学"体育馆两处建筑的实测报告，具有很高的学术价值。他曾在2010年首届民国建筑文化高峰论坛上表示，在我国近代建筑保留程度的城市排名中，南京仅次于上海，位列第二，这一论断说明了南京保护民国建筑的情况是位居前列的。（2）卢海鸣、杨新华主编的《南京民国建筑》一书，记载了八大类南京民国建筑的图片信息和档案资料，从档案资料的视角进行了归纳。（3）杨新华、卢海鸣、黄继东撰写的《凝固的历史——南京民国建筑综述》一文，是较早就南京民国建筑的发展历程、种类、风格、保护等进行研究的文献。（4）陆素洁的《民国的踪迹——南京民国建筑精华游》一书，是一本旅游指南，虽然不是主讲南京民国建筑史的，但是，读者能从这本书里看到南京民国时期的历史文化，领略南京民国时期军政建筑、科教建筑、公共建筑、纪念性建筑、使领馆建筑及私宅、名宅建筑的艺术特色和文化魅力。（5）李源的《玄武湖内的民国建筑》一文，介绍了南京市人大审议了《南京市重要近现代建筑和近现代建筑风貌区保护条例》，准备用立法的形式保护民国建筑；还提到玄武湖内的民国建筑数量一度很多，大体分为民国纪念地、名人故居、达官贵人私宅等三类。（6）叶皓的《南京民国建筑的故事（上下）》一书，精选了南京市150处具有代表性的民国建筑，采取文字与图片结合、新老图片结合、人物图片与建筑图片结合的方式，再现了民国社会的政治、经济、文化、外交、军事和社会生态等方面的风貌，着重介绍了南京民国时期叱咤风云的各界名流的风采和时代精神风貌。（7）张群的《南京民国建筑》一文，提到民国建筑造型各异、变化明显，并将其划分为近代宫殿式建筑、新民族形式建筑、近代西方建筑，并对相关的内容进行了详细的论述。（8）杨新华、杨小苑的《南京民国建筑图典（上、下卷）》一书，利用全国文物普查的契机，将散落在南京大街小巷的民国建筑全部予以著录（包括江宁区、六合区、溧水区）。该书是目前收录较齐全的关于南京民国建筑的著作，对民国建筑、民国文化、民国历史等相关领域进行了研究和探索。此外，早在 2009 年杨新华就发表了《20 世纪遗产保护的探索和实践——以南京民国建筑为例》一文，介绍了对南京民国建筑的认识过程，分析了南京民国建筑的现状、特点及问题。

2. 民国建筑保护、改造方向的研究

人们研究建筑发展历史、建筑技术、艺术特征是继承和发展的客观需要，在这个过程中，必然需要提到对古迹文物、遗产的保护和改造利用的问题。近年来，这方面的相关研究文献有：（1）刘正平的《南京近代优秀建筑的特点与保护利用》一文，提到让这些历史特色建筑为丰富城市景观、文化内涵和促进旅游业发展发挥作用。该文从保护方法上给出了一些政策建议，提出的措施也得到了南京市的推广。（2）钱凯的《抢救南京的民国建筑——南京市有关专家和市民谈民国建筑的现状及保护》一文，提出南京的民国建筑记录，见证的不仅是南京历史、民族发展历史，也凝结了旧时期的国家记忆；该文也关注到了民国建筑正被人为地不良改造和破坏。文章的中心思想是呼吁全社会、大众一起来思考如何保护、抢救这些濒临破坏、消失的南京民国建筑。（3）方力的《南京市颐和路民国公馆区保护实践的思考》一文，通过对目前保留较为完好的颐和路历史文化街区的实地调研和相关文献查阅，梳理了该片区的历史文化资源，分析了该片区街区道路、院落空间、建筑沿街界面的空间形态特质，提出了历史文化街区更新利用的建议。（4）李妍芬、刘正平的《南京民国建筑保护与利用问题思考》一文，通过对南京民国建筑保护利用的现状和存在问题的分析，探讨当前快速城市化进程中民国建筑保护与利用的合理对策以及一些建议。目前，南京民国建筑在保护、利用方面，还有很多

新的问题值得思考和解决。（5）蔡琰的《南京颐和路民国建筑保护的原真性与文化传承》一文介绍到，《首都计划》对南京颐和路进行了高级住宅区的规划建设。一批从欧美留学归国的青年建筑师施展才华，参与设计了大量流派纷呈、造型独特的优秀建筑。随着岁月的流逝，这批风格和造型俱佳的民国建筑群作为历史记忆载体，越发显得珍贵，值得传承性保护和开发利用。（6）李秀的《谈南京梅园新村民国住宅的保护与改造》一文，介绍了南京梅园新村的基本概况，对该区域内一系列与历史片区不协调的因素进行了分析，结合该区域的实际情况确定了相应的保护理念，并对改造内容及成果做了具体阐述，为今后同类历史街区改造积累了一定经验。（7）陶韬、张志斌、张琦的《南京梅园新村民国住区的保护与振兴》一文，对梅园新村民国住区历史文化多样的价值进行了梳理、盘点，并探讨了梅园新村的民国建筑自身的特点，主要是政治历史意义更大。（8）朱凯、李爱群、李延和的《南京民国建筑抗震性能鉴定与安全性评价》一文，揭示了进行民国建筑抗震性能鉴定和安全性评价的重要性、紧迫性和可行性。建筑历经历史的风风雨雨，由于自然、人为等原因，会产生一些安全问题，需要引起重视并采取积极的技术措施和管理办法，以有效保护、使用好仅存的民国建筑。（9）娄轩齐、赵慧宁的《南京民国历史街环境改造探讨》一文，从历史文化的角度进行审视，对南京民国历史街区的改造实例进行分析，总结民国历史街区环境改造中的主要内容。对于民国历史建筑密集的街区的开发和管理，需要从城市环境、文化景观营造、建筑与园林等多个角度系统考量。（10）徐竞之的《南京民国建筑保护与利用》一文，发现南京民国建筑在保护和利用中存在一些实际问题，譬如保护观念薄弱、建筑周边环境不协调、修缮过程中处理不当、游客流量较大造成负担以及对民国建筑的不合理利用等。针对这些问题，通过对已被国务院公布为全国重点文物保护单位的民国建筑群进行实地调查和分析，研究它们保护和利用的现状与其中面临的问题，最后从完善法律法规、加大执法力度、增强保护观念、加强修缮保护力度、分散客流和注重社会效益、严格遵守相关法律条例等方面，提出了南京民国建筑保护和利用的对策。（11）赵姗姗的《南京颐和路街区近代规划与建筑研究》一文，以颐和路街区的规划建设及建筑为研究对象，从建筑历史学的角度研究其规划建设过程中的问题及建筑现象，探究蕴藏于其中的政治、经济、文化、社会问题及技术等。通过现场调研以及大量史料的搜集梳理，勾勒出这一建于民国时期高档住宅区的建设活动的全貌，并研究近代住宅区及建筑的特征。（12）王海英、刘志峰的《数字技术对南京民国建筑景观文化的保护与再利用研究》一文，认为新时代背景下，民国建筑的保护与再利用不再单靠传统方式进行简单的管制、修缮和复建，而是应该在不损坏现状的情况下实现三维动画模拟、仿真复原、修复状况追踪等，实现新与旧的对话。其实，数字化技术和信息工具、虚拟现实等技术在建筑、文物、装饰等领域都有深入的应用，三维空间表现可以帮助人们更好地开发、利用和保护民国建筑遗产。（13）陈烨、李明惠、张启菊、唐建亮、丁励的《数字技术对南京民国建筑修复的研究与实践》一文，结合具体工程实例，阐述和分析了运用数字技术对南京民国建筑进行数字化系统构建的过程，描述修复的步骤，并对民国建筑的保护提出了对策。数字技术、信息技术、三维空间表现等都可以帮助人们更好地进行民国建筑遗产的修复，提高修复的精度、效果。(14)杨新华、卢海鸣的《南京民国建筑保护的探索与实践》一文，通过对民国建筑特点的阐述，指出了由于主客观因素的影响，民国建筑正面临着一系列亟待解决的问题，同时提出了相应的保护和利用措施，希望对我国民国建筑的保护和利用具有借鉴作用。（15）薛梦姣的《基于民国地籍图的南京颐和路公馆区空间形态研究》一文，以民国地籍图和地籍分户图为数据来源，基于康泽恩城市形态学理论与空间形态定量分析方法，从微观尺度对颐和路公馆区的街

道系统、地块及街廓、建筑物三方面进行定性和定量的空间
形态分析。该研究不仅能从定性和定量的角度对民国时期的
规划和建设进行深入分析，从而为民国史、民国规划和民国
建筑研究提供数据支撑，也可以为颐和路历史街区及南京旧
城的保护和改造提供科学合理的依据。（16）叶雅慧的《以
南京民国建筑的保护现状为例看文化遗产的价值》一文，论
述了历史文化遗产的价值所在。对南京的民国建筑进行鉴定
和评价，建议将那些历史价值、建筑故事丰富和艺术价值大
的建筑优先列为文化遗产，进行必要的政策性、制度性的科
学管理，并广泛深入地进行遗产的挖掘和与现代建筑文化的
紧密结合，发挥建筑遗产的真正价值。（17）向然的《南京
民国时期建筑特色及其保护》一文认为，南京民国建筑亟待
保护，应加大宣传力度，保护与发展并重；应予以立法规划，
发展"民国历史文化"旅游，通过商业开发产生经济效益。

　　民国建筑是一种文化精神的载体，通过民国建筑可以理
解我国建筑文化丰富的内涵，认识中西建筑艺术的差别和各
自的优势。民国建筑是城市历史记忆的符号、标记，它们见
证了南京这个城市的历史、政治、居住生态的沧桑变化。而
这些历史和艺术价值巨大的民国建筑，一旦遭到损毁、破坏，
便再难以恢复和接续。因此，对它们的保护和历史传承均应
引起重视。这是历史建筑遗产存在的真正意义和价值。

　　3. 民国建筑传承方向的研究

　　民国建筑有其独特的魅力。它诞生于国家动荡、战火连
天、中西文化对撞的特殊年代，并通过建筑设计师、营造者
的努力，逐步形成了体系，这样既具有科学性又具有艺术性
的建筑文化资源，值得我们重视传承、加强应用与传播。近
年来，关于民国建筑传承方面的研究越来越多，相关文献有：
（1）张芳的《晨光1865——浅谈特殊历史地段的建筑设计
传承文化记忆》一文，以养虎巷段规划与建筑设计为例，从
全局规划设计开始到单体建筑设计，通过建筑的样式、材质、
符号等方面来体现历史人文、传统建筑艺术的精髓，探讨在

建筑设计过程中怎样更好地继承和传承优秀文化的符号，存贮记忆。晨光1865创意产业园区是南京近代工业建筑遗产，历经时代变迁，至今这些建筑群还在发挥余热，成为南京新兴的文创集中办公园地之一。（2）邹羽佳的《南京民国建筑风格在现代城市中的传承与发展》一文，从外观造型、色彩材质、装饰细节等方面进行解读，并对民国建筑最终的改造成果和影响加以评价、总结。近年来，南京修缮、改造成功的民国建筑、街区的案例不少，如1912街区、颐和路12街区等，其他个体建筑的改造利用也都有可圈可点的地方，但是传承与发展的空间还很窄，没有在民国建筑的装饰风格、家具、西化融合等方面做到深入的应用、传承。（3）王俊杰的《民国历史建筑的文化价值性探析——以近代南京建筑为例》一文，以南京建筑为例，探析中国近代建筑史的转型，主要从形态特征、立面形态造型两方面进行分析，提出了民国时期南京建筑历史文化价值观主要体现在两个方面：①体现在科学性与民族性的价值观上；②体现于中国固有式的特殊的建筑理念。（4）赵化的《南京市鼓楼区政协助推打造民国建筑特色品牌》一文，认为南京历史源远流长，在鼓楼区的颐和路、江苏路、牯岭路、西康路、宁海路等及其周边，密集排列有许多名人故居、公馆、旧宅，这些民国建筑具有一定历史代表性，承载着南京城市的民国历史与人文记忆，不仅具有建筑美学艺术价值，更具有重要历史实证意义，是南京宝贵的历史文化遗产和文化底蕴。（5）朱晓超、王芳的《民国建筑在南京的继承与发展——以"1912"文化街区为例》一文，主要对1912文化街区的改造进行分析。南京1912文化街区于2004年底开街，是近二十年来南京城市内改造民国历史建筑群较成功的一处，开街之后的十年中一直是南京时尚消费、酒吧休闲的主要商业街道。这种对民国建筑和城市旧建筑保护与开发的尝试，值得借鉴和参考。（6）姜传丰的《当代城市中南京民国建筑风格的传承与发展》一文，以栖霞区化学试剂厂厂区的整治、改造为实例进行了理论分析研究，认为南京民国建筑风格应得到传承和发展。南京民国建筑中工业建筑类还是很多的，曾经的电厂、化工厂、铁路等都已失去原本的功能，但是它们的象征意义很大，是民国时期中华大地工业起步和发展的重要见证。近年来，南京对于工业历史建筑遗迹的开发还不够深入，传承的内容不多，但是改造中对建筑文化的吸收和意识形态精神的汲取，是非常必要的。

4. 民国建筑装饰方向的研究

民国建筑的装饰，除了外部环境打造之外，还包括对室内的空间组织，以及造型、陈设、通风与采光、材料、家具、布艺等的设计。这涉及很多西方优秀的装饰风格、经典生活艺术、材料技术、起居文化的变革，因此，民国建筑装饰是非常值得挖掘和研究的，这方面的文献有：（1）彭展展的《民国时期南京校园建筑装饰研究》一文，以民国时期的金陵大学、"国立中央大学"、金陵女子大学三所学校的建筑为例，对它们的历史渊源、形成背景、创作思想、装饰特点、装饰成因等进行了分析。这三所大学的民国建筑数量多、建设时间早、保存和使用的情况也较好，但是，在这三所学校后续的基础建设、校园建筑设计上，却很少见到民国建筑装饰元素，这一点还是比较遗憾的。（2）郭承波、马丽旻、强甜甜的《南京民国建筑装饰艺术探析》一文，总结了民国建筑装饰的艺术特点、材料运用与技术工法，以及对现代建筑装饰发展的启示和借鉴意义。民国建筑装饰艺术体现出了传统建筑元素、西方建筑元素、创新元素、新材料等的运用，可惜的是民国装饰风格在日后的南京城市建设、公共建筑设计上都未曾看到太多。（3）冯琳的《南京民国建筑中的中国传统元素运用》一文，主要论述了民国建筑传统装饰的特点（宫殿式屋顶、局部构件、屋身装饰、彩绘纹样等），提出传统装饰演变背后所反映出的思想意识。民国时期，社会刚从封建王朝解放出来，出现向往西方世界、崇拜洋人洋货的现象，对西方建筑风格和生活方式有一定的追求和模仿，然而，传统建筑审美对人们的影响更为深刻，尤其是传统建筑上的木作雕刻、砖瓦、彩绘、门窗等，富含传统文化的精髓，体现着民族本色，所以，民国时期的设计师如何处理这种传统装饰与西洋建筑的融合，推出演变后的新建筑形态，是非常考验其智慧的。（4）槐明路的《南京民国建筑的装饰装修艺术研究》一文，重点论述、总结了民国建筑装饰手法形成的原因，指出对待民国建筑装饰艺术的态度及在设计实践中秉承的一些原则与理念。民国建筑很多都学习和参考了美式、英式、法式等建筑的设计技法和装饰表现，在造型、材料、空间、采光通风上体现了西方古典主义风格，同时融入了传统装饰符号，从人居舒适、高雅、华贵的角度来满足民国名流人群的需求。（5）王之千的《南京民国建筑及装饰风格的历史与美学价值研究》一文，谈及南京民国建筑有其多样性特点，即既有六朝古都深厚的历史积淀，又有作为民国时期首都引领时代潮流的浓重西方格调。这些不同风格的建筑形式，既有因袭，也有引进，还有独创。（6）刘庆林的《融合演绎南京民国建筑装饰研究》一文，通过案例，就目前建筑装饰多元化的局面探讨装饰未来发展的可能性，提出建筑装饰必须理性回归的观点。南京民国建筑装饰艺术包含的内容相对是比较多的，但是如果对西方建筑历史、传统建筑艺术等内容缺乏了解，是做不好建筑与装饰的应用实践活动的。（7）朱飞、李艳的《地域文化视野下南京民国时期Art Deco风格建筑装饰的探究》一文，阐述民国建筑装饰艺术起到了承前启后的重要作用，承载了艺术转型的历史重任，应受到持续的关注、研究和保护。这篇文章比较深刻、精准地分析了南京民国建筑装饰的主要特点，突出了装饰文化、建筑历史的社会变迁逻辑。（8）张晖的《基于数字技术的南京民国建筑水泥装饰艺术的研究》一文，从数字技术的角度对民国建筑水泥装饰艺术进行挖掘、整理、研究并记录下来。民国时期的水泥材料是建筑营造上的一个主要变化，传统建筑中的砖瓦木作房屋建造技术，被水泥材料和水泥结构代替。该文把南京民国建筑水泥装饰艺术的各种相关信息转化为计算机可编信息，形成一套完整的建筑信息数据库，实现建筑物体实物研究与重新创作的多重转换，解决文物遗迹的保护和开发之间的矛盾。其实，这种技术处理和研究也可以是一种传承、创新的活动，有助于现代建筑装饰上水泥材料的创新应用。（9）耿亚娜的《基于地域文化的建筑装饰特色研究——以南京民国建筑为例》一文，从极具代表性的国民政府机构建筑出发，研究其建筑装饰特色。南京民国建筑的类别很多，该文选择历史街区、政府机构类建筑的装饰为研究对象，其实是为城市建设、旧建筑改造、公共建筑设计寻找一个可以借鉴、引用的民族特色文化源泉。（10）刘庆林的《融合·演绎：南京民国建筑装饰研究》一文，分析了民国建筑及装饰的几种样式和建筑装饰的元素与部件，并通过几个案例展开实证研究，提出建筑装饰在建筑中的作用及装饰必须"理性回归"的观点。所谓理性回归，即突出建筑本身的实用价值，建筑是为人服务的，建筑装饰必须以人为本，满足人的实际需求、方便人的起居。（11）陈禹廷、许雯、崔师杰的《南京民国建筑装饰文化的传承设计研究》一文，以传承南京民国时期的地域特色文脉为出发点，在剖析民国建筑传统装饰文化的形态特征和内涵特色的基础上，对南京德基广场二期的南京大牌档进行设计，从整体风格、装饰元素、工艺材料三个出发点提出相应的改造策略，对塑造具有南京文脉特色的高品质环境、城市形象等具有重要的工程实践应用价值。

5. 民国建筑艺术方向的研究

民国建筑是中国建筑文化发展的一个转折点，也是第一次集中将中西文化融合发展的阶段。现存的很多优秀民国建筑，对人类建筑史、建筑艺术发展、文明进步等都有积极的影响。这方面的相关研究文献有：（1）张燕的《南京民国建筑艺术》一书，介绍了南京在民国时期建设的各种建筑外形和艺术特色。（2）周燃、宣莲、吴珊珊的《南京民国风格建筑研究》一文，主要探究了南京民国风格建筑的产生背景及其原因，并从南京民国建筑的六大风格来讲述。（3）牟婷的《南京民国建筑的风格与形式——解析南京博物院的民国建筑语言》一文，从折中主义建筑风格谈起，以博物院大殿的设计、营建为例，对建筑装饰风格进行详细分析，并对局部细节的风格进行解析。博物院大殿现为南京博物院内的主要建筑，是仿辽代官式建筑并进行了材料和局部改造之后建造的。（4）黄益、刘遵月、郭宽荣、季成诚、尹强的《文创产品设计方式研究——以南京民国建筑文化为例》一文，通过对南京民国建筑文化的研究与剖析，并对南京地区的文创产品进行调研，得出南京民国建筑文化对文创产品设计方式的启发。南京民国建筑的文创不应局限在印刷品层面，要从更高的艺术视角，在工艺品模型、科普产品、装饰材料等方面进行钻研。（5）潘建的《南京民国建筑立面元素及立面风格特征研究——以鼓楼区民国公馆别墅为例》一文，从建筑立面元素及立面风格特征入手，对鼓楼区民国公馆别墅的建筑风格进行分类，这对民国历史建筑的保护与修缮是有意义的。城市色彩的构成之一就是建筑外立面色彩，因而南京民国建筑的色彩体系是值得进一步挖掘和研究的，尤其是在对旧建筑的保护、新建筑的建造上，民国建筑的外立面色彩、风格都有一定的参考价值和实用意义。（6）冯琳的《南京民国建筑艺术研究》一文，以建筑的基本形式为主要分类依据，以建筑的功能性质、平面布局、材料结构等为辅助分类依据，以复合式分类方法对南京民国建筑进行了较为全面的、系统的分类。（7）张耀、沈腾飞的《民国建筑文化元素在现代商业街设计中的运用》一文，以民国建筑艺术文化特征为主线，对北京、上海及南京三座城市反映出的民国特色的现代商业主题街区进行分析，结合典型案例，分析民国文化元素在现代商业街区设计的运用方法。（8）顾依凡、张玉春的《浅谈南京近现代建筑风格形成与发展——以南京1865创意产业园为例》一文，通过对南京晨光1865创意产业园中建筑空间元素、造型与结构等细节要素的分析，探索近现代建筑风格的形成，进而提出南京工业遗产保护与可持续性发展的重要意义。该处现在叫作晨光1865创意产业园，过去是金陵机器制造局，是枪炮制造的工业建筑遗迹。

6. 民国建筑师、建筑商方向的研究

由于近代外国建筑文化思潮的被动或者主动引入，以及与我国传统建筑思想、技法的碰撞，使我国近代建筑形成了别样的风格，这种近似中西混搭的风格的形式，产生了独特的建筑艺术魅力。而这些的背后，离不开当时的建筑师、建筑商、材料商，以及建造人、购买人、使用人等的大力推动。近年来，研究民国建筑师、建筑商方面的相关文献有：（1）季秋的《国民政府中的"预备"建筑师——浅论民国时期南京开业建筑师的政府工作经历及其影响》一文，发现了一些与当代职业建筑设计师不同的现象。有政府工作经历的开业建筑师人数众多、分布广泛、流动性高，民国时期的中国固有式建筑理想对开业建筑师的思想和行为产生了设计实践上的影响；而当代的职业建筑师、设计师多是国内培养，留洋回来的设计师人数相对较少。（2）徐厚裕的《南京民国时期的建筑师》一文，介绍了在民国时期一批从欧美留学归国的建筑师，云集当时的首都南京，形成了我国进入近代社会的第一代建筑师群体。民国时期的建筑师，大多都有留学海外的经历，或是公派，或是自主求学，他们既接受了西方新式教育，又受到我国传统文化的熏陶、感染，在建筑设计与装饰表现中，他们将中西方建筑文化有机结合在一起，设计出形式多样、富有震撼力的建筑作品，是个人才华和民族复兴的综合展现。关于民国建筑师的群体构成，不仅要关注留学归来的青年建筑师，国内培养的优秀建筑师也有很多对民国时期的建筑界作出了巨大贡献，有的在中华人民共和国成立之后也有很多成就。（3）江琪的《民国时期南京建筑营造业初探》一文，以史料为依据，系统梳理了民国时期南京建筑营造业和代表性营造厂的基本信息和发展

状况。针对南京营造业的成长背景、行业状况和运行机制等进行了初步研究，并尝试就营造业的技术体系和企业制度两方面从传统向近现代转型的过程开展初步探讨，指出民国营造业在中国近代建筑实践中的开拓和创新作用。文章最后总结了民国时期南京建筑营造业的特点、发展中的问题和价值意义，并对后续研究提出了建议。

除了以上文献之外，还有张年安、杨新华的《南京民国建筑调查报告》，对南京民国建筑进行了深入研究，提到民国时期南京的城市总体规划总共进行了七次。尤其是国民政府定都南京后的1927—1937年，建设、修建了一批城市重要建筑。这批建筑代表了主流形态，也成为民国时期首都规划和建设的智慧结晶，是其他城市的租界建筑、商贸建筑不可比拟的。一些通商口岸的租界建筑，或是企业财团的房产，或是私人名流的私产，而南京的民国建筑更多的是代表国家的公共建筑体系。刘屹立、徐振欧的《南京民国建筑地图》一书，图文并茂、内容丰富，既是一部南京民国建筑资料大全，又是一本人文旅游的口袋本实用指南。该书作者通过高超的摄影技术，系统拍摄了大量民国建筑的照片，具有很高的观赏性和旅游实用性。

以上所列期刊文献、图书资料等，对于本书的写作起到了一定的指引和铺垫作用，在此基础上，使得本人更加有信心不断挖掘南京民国建筑艺术的魅力与价值，并且在做好保护、继承和传承、发展的方向上，提出更多的建议和意见。

1.4 研究意义

在我国五千多年的历史文化中，民国时期是封建社会向现代社会转变的重要历史阶段。民国定都南京之后，进行的首都计划、城市建设，是一个建筑发展的新阶段，民国建筑是中西方建筑艺术的杂糅，是一次深刻的再设计，是传统建筑走向现代建筑的转折。因而，民国时期的很多优秀代表性建筑，不仅具有重要的历史价值和人文意义，还是我国建筑风格的一个转折点，也是近代建筑艺术的开端，研究意义重大。

南京是六朝古都，又有十朝都会之称，历史遗迹多、名人故事多，尤其是近代国民政府将南京作为首都，吸收西方理念进行城市建设、建筑设计，给南京留下的民国建筑遗产，更增加了这个城市的历史标签、文化底蕴。许多南京民国建筑的研究，突出证明了民国建筑极具审美性、时代性，是南京城市的一张名片。民国建筑是近代建筑非常重要的一部分，是现代城市建设的起点，有着很高的科技文化内涵、艺术魅力和成就；而且，南京民国建筑的品类、风格样式和数量，在全国是最多、最集中的，值得广泛研究 [1]。研究南京的民国建筑，像是与近代历史、民国人物对话，更像是与传统建筑、西方建筑对话，甚至是对中西文化发展、建筑历史演变的梳理。

民国时期留下的风格多样、种类齐全、西风中韵、精美

1. 瞿震 . 南京民国
建筑元素的探究与
应用 [D]. 济南：齐
鲁工业大学，2019.

别致的诸多优秀建筑，不仅承载着南京近代兴衰的政治风云变幻、历史记忆故事，具有历史人文价值，还具有建筑艺术领域的研究价值，值得我们进一步研究解读和探索。

1.4.1 历史研究价值

国内各地的民国建筑，是国外建筑艺术文化和我国传统建筑装饰文化相互渗透、碰撞、交流的产物，也是那段特殊时代的历史见证。南京，本就是一座历史悠久的名城、古都。民国时期的那段历史已经随风而去，仅留下一些为数不多的实物供人们追忆，其中，民国建筑及其文化就是遗存下来的精华之一。

民国时期是离我们很近的一段历史时期，留给南京太多的回忆。南京民国建筑对于很多台湾同胞、海外侨胞来说，包含着他们强烈的怀旧情结。时代变迁，城市建设发展迅速，历史的痕迹逐渐淡去，南京民国建筑却依然能够体现近代中国的风貌。南京民国建筑体现出的民族文化、地区文化的多样性，进一步丰富了它本身的价值与内涵，人们可以从中加深对近代历史的了解，它是爱国主义精神、民族精神的传承，同时也是民族凝聚力的象征。南京的民国建筑是那一段历史的见证物，具有极高的历史文化、建筑艺术发展等研究价值，已经成为南京历史文化的象征。

在鸦片战争、甲午战争之后，我国政局、社会形态、民众价值观等发生了巨大变化，传统建筑文化受到西方建筑文化的影响，也发生了巨大的变化。大众许多传统的生活方式被西洋化的自由生活所代替，沿海发达的城市积极寻求自身富强、民族复兴的道路，对城市风貌、建筑居所的需求和向往有了新的变化。民国建筑就是在这样的时代背景下，在向现代建筑转型、求变中产生了各种迥异的风格，海纳了西洋各国建筑文化和风格。

从建筑发展以及文化创新的历史角度来看，民国时期的中国建筑师们，借鉴西洋建筑风格和建造技术，利用现代的建筑材料（如水泥、玻璃、铁艺、木地板、墙裙等），采用西方的建筑艺术符号、体量组合及功能划分、装饰元素，局部添加传统文化装饰元素的设计手法，形成了一种符合当时国人审美心理的风格，也为我国传统的营造活动注入了新的活力，体现了一种中西文化融合的思想。这一时期的建筑既有欧美流行风格，又有国风传统精神，是这个独特历史时期的见证。

1.4.2 人文研究意义

南京的民国建筑规模大、数量多而且集中，利用率也高，具有独特的艺术风格和魅力。南京民国建筑融合了我国北方建筑与南方建筑的不同元素、特点，同时结合了典雅的西方古典建筑风格。庄重的传统建筑元素与简约的现代建筑风格，既互相共存，又彼此融合，具有人文研究和传承的必要价值。

研究民国这一历史时期的建筑文化现象，找出建造者的根源和时代出处，对于当今的建筑艺术来讲，在建筑设计、室内装饰、城市建设、景观规划等方面均有着重大意义。通过这项研究，不仅可以解读、认知那段时期我国上层社会的使用者、建筑师、建设者在建筑使用、装饰表现、设计上的创新需求，还可以进一步探寻民国设计师、建筑师们是如何汲取外来建筑文化精华，构成本民族建筑新文化的。同时，在学习和借鉴这些建筑形态、造型艺术时，不能只停留在民国建筑的形式、装饰等方面，更多的是要领悟建筑设计师的人文精神及求变、求新和保留传统元素符号的情怀，以及彰显中国固有式的、特殊的建筑理念的强大信心，而这正是本研究的意义所在。

如今的南京，是一座充满历史感、现代感和文化底蕴的大都市，浓厚的民国历史、民国建筑文化，在遗留下来的建筑物及建筑装饰上，都可以得到见证。我们知道，不同历史时期的建筑，是一定社会时期人们集中的人文精神文化、审美符号文化、物质与精神消费文化以及生活文化、制度文化的载体，是不同政治背景下建筑文化演进的缩影，映射出了当时社会和时代的发展、技艺的兴衰、历史的变迁和生产力的进退。这不仅是社会的历史，也是建筑自身发展的历史。民国建筑形式上的丰富多彩、建筑艺术上的成就，也展示出独特的时代潮流和设计师水准。

建筑是历史的重要实物载体，承载着一座城市历史文化、政治风貌及城市发展的记忆，见证着前人的集体智慧。随着岁月的流逝，能够较好保存下来的这批民国建筑遗迹、遗产，更加显得弥足珍贵。可以说，民国时期的社会，在面对国际性的战争、现代文化运动、城市建筑变化的过程中，接受了科学技术的世界性、普遍性带来的国际化建筑文化潮流，渐渐走出了传统与现代之间的徘徊与困惑，创造出了一批优秀的民国风格建筑作品，值得后人学习和借鉴。

加深大众对民国风格的认识，带动更多的专家、教授、学者、研究人员以及政府部门、建筑行业、设计师、开发者等去欣赏、研究南京的民国建筑风格，以提升其在现代建筑设计、景观环境、室内设计中的地位，充分发挥其艺术特性与魅力，构建一个具有我国新时代特色的风格设计体系，健全和繁荣当下的城市规划、建筑设计、室内设计市场，就可以让南京民国建筑的艺术风格得到更广泛的传承、传播，这对我国的现代建筑发展、创新以及当代室内设计走向具有重大意义，同时，也给未来建筑风格艺术求变、求新提供了一种可能。

02

第二章

代表·类别

解读和研究民国时期的优秀建筑，是传承和保护、利用和开发的基础，也是历史赋予我们后人的责任。通过考证近代建筑的设计者和建造者，以及其背后的故事、线索，才能更好地运用建筑行业的物质文明成果和艺术成就，才会不被历史所湮没，不被历史所遗忘。

2.1 民国时期南京的代表性建筑师

　　民国建筑看南京。南京遗存的各类民国建筑或遗迹，是历史变迁、社会更迭、建筑文化发展创新的一个缩影。这些建筑离不开当时建筑师集体的智慧付出，这也是他们才学、才华的展现和对社会的贡献。

　　民国初期，一批从欧美留学归国的建筑精英人才，相继云集国民政府首都南京，形成了我国第一代建筑师群体[1]。近代第一代、第二代建筑师，或者有留洋经历，或者由国内学堂培养，很少有师带徒的。民国初期很多留洋的青年才俊，学成归来，积极投身建设新国家，他们既接受了西方的新式教育，又受到国内传统文化的熏陶，在建筑设计、装饰艺术等艺术语言的表达上，展现出了独特的匠人匠心，推动了民国建筑技艺的进步与发展以及时代的进步。

　　从民国建筑出现的时代来看，近代建筑处在承上启下、中西交汇、融合过渡的时期，最显著的特点之一就是传统的砖木建筑、装饰符号被水泥、玻璃建筑代替。这期间出现了一大批有为的建筑大师，如梁思成、杨廷宝、童寯、刘敦桢、吕彦直、林徽因、关颂声、赵深[2]、范文照、陈植、奚福泉、孙支厦、过养默、虞炳烈等。这些建筑大师才华横溢、学贯中西，有的是留学归来，有的是本地培养，他们通过建筑文化中西结合的思维创造，开创了我国传统建筑向现代建筑转变的先河。民国时期第一代、第二代建筑师们的努力奋斗和

1. 徐厚裕.南京民国时期的建筑师[J].建筑工人，2004（9）：1.

2. 赵深（1898—1978），字渊如，江苏无锡人，建筑专家。早年在上海、南京和昆明等地设计了很多优秀作品，其中20世纪30年代建成的上海八仙桥青年会大楼，是当时国内第一幢具有民族风格的高楼，得到建筑界的好评。在南京，参与设计励志社、国民政府铁道部大楼官舍等。曾任华东工业建筑设计院（后为上海工业建筑设计院）副院长兼总工程师等职，组织和指导过许多重大工程项目的设计。

实践拼搏，推动了南京民国建筑的发展，在国家建设、城市发展、建筑创新中发挥了重要的作用。

下面简要介绍几位与南京民国建筑有着密切关系的知名建筑师。

1. 杨廷宝及其设计作品

民国时期，在南京时间长、项目多、作品多，而且与南京缘分颇深的建筑师，就数杨廷宝先生了。

杨廷宝先生，字仁辉，1901年10月出生，河南南阳人。6岁入家塾念书，14岁就读清华留美预备学校，1921年毕业于清华学校高等科后远渡重洋，赴美国宾夕法尼亚大学（UPenn）就读建筑系，1924年被授予学士学位，随后又用一年时间顺利修读完建筑学硕士课程，拿到学位，毕业后受邀进入闻名于美国建筑界的"克瑞建筑师事务所"工作，1926年赴欧洲考察和进行建筑研习。1927年回国，应基泰工程司创始人关颂声先生的邀请，赴天津基泰建筑事务所工作。回国后的第一项设计任务是京奉铁路辽宁总站设计（1930年3月落成），这也是当时国内最大的火车站。20世纪30年代后，基泰公司的业务转向上海、南京一带，总部也随之迁到民国首都南京[1]。1927—1937年的十年间，杨廷宝在南京参与设计、建造了一系列优秀的民国建筑精品，如中央医院（1931年）、中央体育场（1931年）、谭延闿墓（1931年）、紫金山天文台（1931年）、中山陵音乐台（1932年）、大华大戏院（1935年）、金陵大学图书馆（1936年）、国民党中央党史史料陈列馆（1936年）等。1937年，抗日战争全面爆发，国民党政府内迁入川，基泰总部随即迁往重庆。1939年春，杨廷宝前往重庆，担任基泰工程司总工职务，重启建筑设计工作，先后设计了刘湘墓园（1940年）、重庆美丰银行（1940年）、林森墓园（1943年）、青年会电影院（1944年）等。杨廷宝先生的建筑设计作品多、参建项目多，一些建筑至今仍旧在使用，他的建筑设计理念、色彩的运用等都有其鲜明的个人特色。

1. 李薇.建筑巨匠杨廷宝[J].中国档案，2018(10):82-83.

中华人民共和国成立后，杨廷宝先后参与指导或主持设计了人民英雄纪念碑、王府井百货大楼、南京大学和南京工学院校区规划与建设、长江大桥桥头堡、南京民航候机楼、南京雨花台烈士纪念馆等建筑作品，为百废待兴的新中国建设、城市发展做出了巨大的贡献。1982年12月23日，杨廷宝因病逝世于南京，终年82岁。杨廷宝先生一生主持参加、指导设计的建筑工程众多，在近现代建筑史上负有盛名。他在建筑设计中十分重视国情、社会经济发展，注重整体环境、实际功能，在建筑设计上吸取并运用了中西建筑的传统经验和手法，纵贯中西，对现代中国建筑风格起到了一定的实践引领作用。

2. 刘敦桢及其设计作品

民国时期，在南京的建筑界和教育界都享有赞誉的建筑师之一，就是刘敦桢先生。

刘敦桢先生，字士能，1897年9月出生，湖南新宁人。1913年刘敦桢考取官费留学日本，1916年入东京高等工业学校（现东京工业大学）机械科，后转入建筑科学习，1921年获学士学位。1922年回国任上海绢丝纺织公司建筑师，并与同窗柳士英（1893—1973）等人创办了"华海建筑师事务所"，这是较早由国人组建的建筑师事务所。1925年，他任湖南大学土木系讲师，任职期间设计了湖大二院（今物理实验楼）。1927年赴南京"国立第四中山大学"工学院筹设建筑系，同年任建筑系副教授。1928年"国立第四中山大学"更名"国立中央大学"。1930年，刘先生加入建筑学家朱启钤（1872—1964）先生创办于北平的中国营造学社，曾是该学社的重要社员，与梁思成共事，进行过重要的古建筑科考活动和研究工作。1933年，任中国营造学社研究员兼文献主任；1943—1949年，在"国立中央大学"复创建筑系，任建筑系教授、系主任、工学院院长。1949年，中央大学改名为南京大学，任该校建筑系教授。

民国时期，刘敦桢与柳士英等创办的上海华海建筑师事务所，在上海、南京、长沙等地做了多项建筑设计，有工业建筑也有民用建筑。在长沙时，设计了湖南大学教学楼（1926年）和古城楼天心阁（明清风格，1928年设计建造，1984年重建）；在南京设计了一批民用建筑及知名公共建筑等。1960—1966年瞻园改建、扩建和石山、园林设计，是其最后的建筑创作。刘敦桢先生于1968年5月10日，因病卒于南京，终年71岁。刘郭桢先生在建筑设计、建筑教育、理论研究等方面，对国家、民族做出了非常大的贡献，无愧为一代建筑大师和教育家。

3. 童寯及其设计作品

童寯，字伯潜，1900年10月出生，辽宁沈阳人。少年时期在奉天省的小学、中学读书，后进入北平清华学堂高等科学习。1925年9月，童寯毕业于清华学堂高等科，同年秋，公费留学美国宾夕法尼亚大学（UPenn）建筑系，与杨廷宝、梁思成、陈植等同校学习。童寯在美国求学的时间相对较长，取得了不错的成绩，为后来投入祖国的建设储备了更多的专业技能和知识。1930年，他赴英国、法国、德国、意大利、瑞士、比利时、荷兰等国游学、考察数月，经东欧回国[1]，欧洲世界的领先发达、城市建设和建筑艺术的辉煌，深刻触动了这位年轻建筑师的心灵，参观、游历完毕之后，童寯当年回到沈阳，于东北大学建筑系任教，当时在该校执教的还有梁思成、林徽因、陈植等，他们先是校友，后又成为同事，可以说，童先生站在了我国近代建筑学科、建筑教育的起点，是近现代建筑学发展的奠基人。在任教期间，童先生开始研究江南古典园林，是我国近代造园理论研究的开拓者、传播者。1931年，"九一八"事变后东北大学建筑系解散，他去了上海，加入了赵深、陈植[2]的华盖建筑师事务所（1932年挂牌），此后完成了国民政府外交部大楼、大上海大戏院、南京首都饭店、南京下关电厂、南京孙科住宅等设计项目。1937年底，他离开首都南京到重庆、贵阳设华盖建筑师事务所分所，在西南后方继续开展业务。1945年抗战胜利后

1. 杨永生, 明连生. 建筑四杰 [M]. 北京: 中国建筑工业出版社, 1998.

2. 陈植（1902—2001），字直生，1902年11月15日出生于浙江杭州。父亲陈汉第（字仲恕）是杭州求是书院（浙江大学前身）的创办人之一。陈植自幼受到中国传统文化的熏陶。1915年，陈植考入北京清华学校；1923年赴美入宾夕法尼亚大学建筑系学习；1928年2月，获建筑硕士学位，同年夏，即到纽约伊莱·康事务所工作；1929年9月回国。1930年底，陈植接受上海浙江兴业银行的设计委托，翌年2月，即辞去教职，到上海与已有声誉的赵深合组赵深陈植建筑师事务所。1931年冬，童寯来沪，应邀加入。1933年，事务所更名为华盖建筑事务所。

返回南京，继续自己的教书育人工作；1949 年中央大学改名南京大学后，专任南京大学建筑系教授。20 世纪 50 年代，童寯由上海赴任南京工学院（今东南大学）建筑系教授，1983 年 3 月 28 日病逝于南京，享年 83 岁。在 1932—1952 年间，童寯主持或参加的工程项目有 100 多项，他设计的作品和教学的经验均很丰富，堪称建筑学家、建筑教育家。童寯先生数十年不间断地理论研究，对继承和发扬我国建筑文化和借鉴西方建筑理论、技术有重大贡献，值得人们怀念。

在南京，童寯先生曾主持设计或参与建设的工程有很多。他的建筑设计作品庄重大方，又富有特色和创新精神，吸收古今中外建筑成就精华，不落前人窠臼，也不过分追逐潮流。因其自幼习画，美术功底扎实，在建筑设计的构架上也受其绚丽严谨的画风影响，最终成为一位融贯中西、博古通今的建筑大师。

4. 吕彦直及其设计作品

南京中山陵、广州中山纪念堂，都是我国近代建筑中的杰作，其设计者、监造人正是吕彦直先生。

吕彦直，字古愚，安徽滁县（今滁州市）人。1894 年 7 月出生于天津，其父吕增祥科举出身，曾协助严复（近代著名翻译家、教育家）翻译和传播《天演论》，在清政府任职知县、知州，官至五品[1]。1901 年 5 月，其父因公被刺，不幸身亡，此时吕彦直才七八岁，翌年在严复安排下随严复长子严伯玉前往巴黎读书，由二姐吕静宜（严复长子严伯玉之妻）带往，开始接触西方文化。在巴黎生活学习数年后（1902 年冬至 1905 年夏在巴黎读书），随二姐、姐夫回到天津。1911 年初，清华学堂初设，吕彦直又到清华学堂高等科、留美预备部学习，于清华学堂毕业后公派留学，1913 年就读于美国康奈尔大学（Cornell University）。其间，还师从北京五城学堂大翻译家林纾。他的求学经历是很丰富的，为后期他的设计奠定了坚实的基础。1918 年 12 月 20 日，吕彦直获得康奈尔大学建筑学学士学位，毕业后进入纽约的

1. 祁建.中山陵设计者吕彦直[J].炎黄纵横,2019(12):38-39.

亨利·墨菲 (Henry K. Murphy,1877—1954) 建筑师事务所工作至 1921 年回国[1],回国时 27 岁。

吕彦直主持设计的南京中山陵 (1925 年 5 月) 和广州中山纪念堂 (1927 年 5 月),特色鲜明、名扬四海。其中,中山陵建筑群 (图 2.1),从陵园整体到单体建筑的设计,都体现出其精湛的建筑技艺与设计手法,有效地营造、烘托出了陵寝的宏伟气势,构成整个陵区庄严、肃穆的氛围,得到社会各界的关注。吕彦直在中山陵主体工程施工中,勤勉自律、事必躬亲,严格把关设计与工程质量,常往返于上海、南京之间。他长期住宿山上工地现场,督促施工、核检材料、协调进度,以确保工程各个环节的质量。他在设计、选料、监工工作中废寝忘食、一丝不苟,终积劳成疾,于 1929 年 3 月 18 日患肠痈在上海不治逝世,年仅 36 岁。吕彦直病逝后,李锦沛 (南京聚兴诚银行设计者) 受聘,以彦记建筑事务所名义负责南京中山陵、广州中山纪念堂等工程的设计工作直至建成。虽然吕彦直先生的设计作品较少,但是他的作品富有中华民族特色又融汇了西方建筑技术与艺术,是近代最具代表性的大型建筑组群,对社会产生了深远影响。吕彦直先生是我国近代著名的建筑设计师,被后人称作中国"近现代建筑的奠基人"。

民国时期的许多优秀建筑,是中西交融的结果,是中国传统建筑与外来文化融合发展的一个开端,也是民国建筑师们不断学习、成长和探索的精神体现,以及他们精湛技艺的展现。对南京民国建筑风格的研究,需要研究建筑设计的技术手法、建筑艺术表达的能力,更需要领悟建造者、建筑师、设计师对传统文化的态度和其精神思想。这样,才能真正使得建筑艺术深远传播。

1. 卢洁峰. "中山"符号 [M]. 广州:广东人民出版社,2011.

图 2.1 南京中山陵（作者 摄）

2.2 民国时期南京的营造厂（建筑商）简述

据上海市地方志资料库记载，营造厂内部组织机构包括厂主（经理）、账房、工地看工、各类工匠等。厂主与工匠的关系为临时雇佣关系。近代的营造厂相当于现在的建筑公司、房地产公司或者建筑设计院，主要承建房屋建筑、工业建筑等。

南京的民国建筑大多建成于1929年底制定《首都计划》至1937年抗战爆发之前的八年"首都建设"时期。这些无与伦比的民国建筑的落成，除了有建筑师、设计师的成就，还要借助营造厂的力量。民国时期，出现的著名建筑商、营造厂有：缪顺兴声号营造厂、张裕泰营造厂、联益工程公司、建华营造公司、建业营造厂等。当时南京的建筑商、建筑公司多称为"某某营造厂"[1]，被列为民国建筑商"四大金刚"的是陈明记营造厂、新金记营造厂、陶馥记营造厂、陆根记营造厂。南京民国建筑中，很多都是这些营造厂设计和参与建设的，是近代建筑发展的践行者和先驱力量。

1. 陈明记营造厂

从史料记载看，陈明记营造厂是南京最早的新式营造厂，由浙江宁波鄞县（今浙江省宁波市鄞州区）人陈烈明于1897年2月在南京莫愁路87号创办。陈烈明出身于传统木匠家庭，15岁从家乡宁波辗转来到南京打拼，他是基督教信徒，经常到教堂做礼拜，接触的外国人较多，因而开始参与建造教堂、学校、住宅等工程项目。比如，南京第一座正式的基督教礼拜堂（现白下路圣保罗教堂）、汉中路礼拜堂（现基督教莫愁路堂）等。由于他擅于交际，工程质量过硬，很受在南京的外国人的青睐，经过一段时间的发展和积累，1927年前后，陈明记营造厂成了南京建筑市场最大的营造厂。国民政府定都南京，实施《首都计划》之后，吸引了大量外地营造厂来南京发展、竞业，但此时的陈明记已位列60多家甲等营造厂的前列，实力很强。据相关资料介绍，陈明记营造厂在首都南京市内或城郊留下了数千处流派纷呈、造型独特的民国建筑，既有总统府、各部委办公楼等行政建筑，也有中山陵、马林医院（今鼓楼医院）等公共建筑，还有金陵大学（今南京大学）、金陵女子大学（今南京师范大学）、金陵神学院、明德女子中学、金陵中学、中华女子中学的校舍等文教建筑，还有宝兴、宝庆银楼等。此外，陈明记在芜湖、马鞍山、镇江、无锡、徐州、宁波、上海等地也承建过楼房。如今，这里面不少建筑已陆续成为各级文物保护单位。

抗战胜利后，之前停业、内迁的营造厂纷纷回到南京承接复建工程任务，1948年经南京市工务局核准的全南京营造厂有1000多家，其中甲级259家。甲级中有陈明记营造厂、缪顺兴声号营造厂、张裕泰营造厂、姚新记营造厂、新金记康号营造厂、陶馥记营造厂、陆根记营造厂等。而位于甲级之首的正是陈明记营造厂。陈明记营造厂经过两代人多年的发展壮大，成为1949年以前南京乃至整个长江三角洲地区规模最大的营造厂之一。

2. 新金记营造厂

新金记营造厂1919年创办于上海，首任厂主是康金宝（1882—1974）。他1904年到上海姚新记营造厂（承接过中山陵工程）做小工，勤奋聪慧、不怕吃苦的他，后来承包水作工程，赢得了一定的口碑。1919年，康金宝同留学密歇根大学的工程师陆鸿棠、乡人倪根祥合资创办新金记营造厂，主要业务是承建工厂、住宅等。1925 年以精湛的设计和严格的施工管理，赢得了承建上海江海关工程（重建于 1925 年 12 月至 1927 年 12 月）的机会。江海关工程完成后，康金宝、倪根祥分别创办新金记康号和祥号营造厂。新金记康号营造厂承建过楼高十层的五州药房大厦（1936 年通和公司设计）、中国银行大楼（1934—1937 年华人建筑师贝聿铭先生设计）等工程。1926 年，康金宝承建中山陵（吕彦直设计）工程，从此业务活动移至当时首都南京，先后承建了大批建筑物，名震同行。新金记（康号）承建了国民会议议堂（原"国立中央大学"今东南大学大礼堂）、国民政府主席官邸（现美龄宫）正屋建筑工程、杨公井国民大戏院、中央研究院社会研究所、原美国顾问团公寓大楼（1936—1946）和一批官邸别墅。民国时期，像新金记这样的营造厂，大多是随着南京国民政府建设项目的推出而逐渐得到了市场的检验，在摸爬滚打中发展壮大了起来，对民族建筑业的发展也做出了自己应有的贡献。

1955 年，康金宝因积劳成疾告老回沪，1974 年 12 月病逝于上海，享年 93 岁。康金宝先后独自出资在家乡建造石桥和水泥桥七座，创办忠义义务小学（创办于 1946 年）一所。曾在南京新街口、上海闸北区等地建住房多处，中华人民共和国成立后全数献给国家。民国时期，民族工业的起步是艰难的，但也是幸运的，城市演变、社会演进、人口的流动，使得建房需求成为国家需求，因而，那个时期的建筑师有一个展示自己的广阔天地，也成就了他们的才华。

3. 陶馥记营造厂

陶馥记营造厂由江苏省南通县吕四镇（今江苏省南通市启东市吕四港镇）人陶桂林（1891—1992）创办。陶桂林是一位成功的建筑商、建筑师，其与犹太裔房地产大亨哈同（1851—1931）、红顶房地产商人周湘云（1878—1943）并称为民国时期"上海三大地产风云人物"。他创办的陶馥记营造厂，是当时上海乃至全国最大的建筑企业，是当之无愧的民国建筑先驱者。抗日战争胜利后，国民政府还都南京，1947 年 7 月在南京成立的全国营造工业同业公会，陶桂林为理事长。

陶桂林白手起家，12 岁从老家来到上海滩闯荡，从木工到监工再到工地主任，聪慧好学的他掌握了当时最先进的建筑技法、工程组织实施和管理经验。1931 年，陶桂林在家乡南通吕四镇投资创办了国内第一所建筑职业学校，源源不断地培养出了一大批建筑行业人才，体现了他作为民族企业家的担当。

陶馥记营造厂开办六年后，1928 年承建广州市重大工程——拥有五千个座位的中山纪念堂〔之前也曾参与建设南京中山陵（三期）工程〕。1927 年，国民政府定都南京之后，陶馥记在南京承建的工程有国民政府考试院、国民党中央监察委员会、中山陵音乐台、孙科公馆（中山陵园内延晖馆）、谭延闿墓、国民革命军阵亡将士公墓、励志社、国民党中央党史史料陈列馆、美国驻中华民国大使馆、宋子文公馆、福昌饭店等[1]。1933 年，陶桂林承接建设上海国际饭店，这栋 24 层的大楼建成后，陶馥记营造厂一战成名，成为当时上海乃至国内最出名的建筑企业，备受国民政府的关注和重用。此外，陶馥记还承建了上海市四川路桥北堍邮政总局大厦等项目。1949 年 2 月，陶桂林前往台湾，继续经营建筑业。1973 年退休，迁居美国。1992 年嘱咐其子陶锦藩率馥记集团全体董事到沪访问并参加上海建设，可见，他十分热爱祖国、怀念家乡。

如今，南通的建筑业实力有目共睹。也可能是南通建筑行业兴盛的"根"从民国时期就已经扎下，早早地让这块土地上的人们拉起了祖国建筑事业的新引擎。改革开放以后，南通也打响了"建筑之乡"的名号，一直在省内外享有很好的口碑。

4. 陆根记营造厂

陆根泉，1893 年生于浙江镇海（今浙江省宁波市镇

1. 佚名. 民国时开发商叫"营造厂""四大金刚"造中山陵 [N]. 扬子晚报，2009-12-02.

海区），幼时丧父，家境贫寒，随同母亲离开原籍来到上海，寄居浦东，后被寄养在一位姓薛的裁缝家，12 岁时离开薛裁缝，丢掉剪刀，加入了提着泥刀闯上海的泥瓦匠大军。先拜在在上海开设汤秀记营造厂的乡邻老板门下，学习泥工 3 年。满师后陆根泉继续在汤秀记营造厂工作，后来跳槽到著名的久记营造厂（老板张毅，字效良）做泥工小包工头。在久记营造厂的经历让陆根泉大开眼界，同时目睹上海由于西方资本的输入，房地产业日益兴旺，不少年轻人投身其中，自己开设营造厂。1929 年，陆根泉在上海创办了"陆根记营造厂"。在上海承建百乐门，在云南承建昆明大戏院，陆根记营造厂垒起了一系列闪亮于民国历史的建筑。

百乐门，是上海滩旧梦最耀眼的地标。1932 年，商人顾联承在上海静安寺地域征得一块土地，准备建豪华舞厅，请上海著名建筑师杨锡缪设计，陆根泉取得了舞厅的承建权。1934 年，舞厅开工兴建，地址在今上海市愚园路 218 号。舞厅建成后取名"百乐门"，意为黎民同乐。此后，"百乐门"社会声誉日高，遂被誉为"远东第一乐府"，成为陆根记营造厂之经典作品。

在民国时期，陆根泉营造厂承接了中央美术陈列馆、国民大会堂、洪公祠军统总部办公大楼、励志社等工程。

除了以上著名的营造厂之外，在南京出现的还有江裕记营造厂（承建有国民政府外交部大楼、南京中央博物院等）、南京鲁创营造厂（承建有总统府子超楼）、张裕泰营造厂（承建有中南银行南京分行、新华银行、中山陵纪念馆等）、南京利源建筑公司等。传承、保护和考证近代优秀建筑，包括其设计者和建造者，是历史赋予我们的责任。愿建筑行业的物质文明成果，不被历史所湮没，不被历史所遗忘。

2.3 南京民国建筑的类型划分

南京民国建筑类型繁多，在分类之前，我们先来了解一下其规模与数量。南京民国建筑是历史文化名城特色的一个重要组成部分，但是南京究竟有多少处民国建筑，这么多年来一直没有定论。在《南京民国建筑图典》一书中披露：南京民国建筑有 1237 处，1500 余幢[1]。该书的目的是存史，同时警示我们留意保护这一南京特色遗产。

民国时期的南京，是当时的首都，社会各个阶层，各行各业，各类商流、人流、信息流等的汇集，促生了南京拥有种类多样的建筑遗存，这也是其区别于国内其他城市"西洋建筑"的不同之处。由于收集和研究条件的局限，本书仅举例探讨几类南京现存的民国建筑形式。

根据建筑定位、使用功能的不同，南京民国建筑可以分为以下几个类型。

1. 党政军类建筑

民国时期，国民政府的中央行政机构由五院（即立法院、行政院、司法院、考试院、监察院）、六委、十八部（如水利部、经济部、教育部、国防部、铁道部、交通部、外交部、卫生部等）构成，这些公共行政类建筑规模宏大、气势非凡，是南京独有的。如今，很多旧址已经被列为全国重点文物保护单位。

在南京，党、政、军类的建筑遗存有：（1）总统府、

1. 杨新华，杨小苑. 南京民国建筑图典 [M]. 南京：南京师范大学出版社，2016.

国民政府立法院、监察院、国民党中央党部、国民政府最高法院、国民政府行政院、国民政府司法院、司法行政部、国民党中央监察委员会、国民政府资源委员会、国民政府蒙藏委员会等；（2）国民政府铁道部、国民政府外交部、国民政府考试院、国民政府经济部旧址、国民政府交通部大楼、国民政府教育部、国民政府农林部、国民政府水利部、国民政府卫生部、国民政府南京国民大会堂、南京招商局旧址等；（3）国民政府国防部、国民政府联勤总司令部、国民政府海军总司令部旧址、民国海军医院等。

总统府，是近代建筑遗存中规模最大、保存最完整的建筑群，也是南京民国建筑的主要代表之一。总统府内部的民国建筑有：（1）大门门楼。1929 年新建，为钢筋混凝土结构的西方古典门廊式建筑，3 个门洞、4 组 8 根爱奥尼柱非常醒目。总统府门楼是总统府的标志性建筑，为原清朝两江总督署大门、围墙、东西辕门被拆除后重建的西方古典样式的门楼。（2）子超楼。1935 年 12 月竣工，是主体五层、局部六层的新民族主义风格建筑。1936 年初正式启用为主席办公楼，后以林森的字命名，以资纪念。（3）行政院办公楼（图 2.2）。建于 1934 年 6 月。采用钢筋混凝土结构，造型简洁匀称，气势典雅宏伟。门楼为 3 道拱形门，装有镂空黑漆铁门，并用爱奥尼柱式装饰立面，虽主体为西方古典样式，但门楼前方两端又安置了一对中国传统建筑中经常使用的石狮雕塑，形成中西结合的整体风格，符合国人审美心理。在总统府内部，有清代、太平天国、民国等不同时期、不同类型的建筑，这些建筑风格各异、形式多样，建筑功能和历史意义也不尽相同。

美龄宫（图 2.3），即国民政府主席官邸，建于 1931 年，由赵志游（民国时期政治人物、土木工程专家、著名建筑师）亲自设计，技正陈品善负责施工、监工，由新金记（康号）营造厂承造。大处来看，主体建筑是一座三层重檐、山式宫殿式建筑，外形为明清官式做法，屋顶覆绿色琉璃瓦，窗户

图 2.2 原国民政府行政院（作者 摄）

图 2.3 美龄宫（作者摄）

为铁艺大开窗，斗拱、柱子为水泥材料。细处来看，主体建筑的房檐、仙人走兽、彩绘、砖雕都很精细，使用的琉璃瓦上雕有凤凰图案，屋檐下柱头上的一排凤翎图案、二层南阳台的 34 根汉白玉栏杆上的凤凰，都体现出女性特征。主体建筑分为地下一层，地上三层。采用传统大屋顶，装饰以旋子彩绘，蓝底云雀琼花图案出自留学日本的工笔画家、美术教育家陈之佛（1896—1962）之手。陈之佛在中华人民共和国成立后历任南京大学教授、南京师范学院艺术系主任、南京艺术学院副院长等职。

铁道部旧址，今为国防大学政治学院南京教学区。由造园学家陈植等人设计，1933 年 5 月建成，中山北路的路东侧是清代传统宫殿式层面、钢筋混凝土结构的仿古建筑群。该地的多处建筑竣工后直到 1937 年才为当时的铁道部使用，该处建筑大量采用了水泥、石材等材料来建造梁柱、门窗、栏杆、门洞等，传统装饰美术和建筑艺术价值很大，可观赏性强。抗战胜利后，1945—1949 年作为国民政府行政院办公楼。现保留 3 幢坐东朝西和 2 幢坐北朝南的传统宫殿式建筑，均为重檐翘角、歇山式覆顶，琉璃瓦盖脊，斗拱彩绘、屋脊走兽都体现出传统建筑的魅力。

励志社旧址（图 2.4）。现为钟山宾馆，由 3 幢清代宫殿式建筑构成，建于 1929—1931 年间，近代建筑师范文照（1893—1979）、赵深设计，陆根记营造厂承建，代表了当时建筑的一种潮流。大礼堂（建于 1931 年）的主体是三层，为钢筋混凝土结构，而梁、椽、挑檐则是木结构，重檐庑殿顶（又叫五脊殿），平面为方形，曾作为审判日本战犯的军事法庭。在这座建筑中发生的故事很多，现在它被列为全国重点文物保护单位。

中英庚款董事会旧址，又名庚子赔款办公楼（图 2.5），位于山西路，现为南京市鼓楼区人民政府。该建筑由建筑师杨廷宝设计，1934 年开始建设。办公楼为两层中廊式建筑，但运用了铁窗，简化了屋顶鸱吻，同时入口处为西式风格。

图 2.4 励志社旧址 （徐振欧 摄）

图 2.5 中英庚款董事会旧址（作者 摄）

从外观上看，办公楼为庑殿式屋顶，上铺褐色琉璃瓦，外墙贴金棕色面砖，枣红色的民国式窗户，门楼间雕刻中式花纹，处处可见中西融合的建筑理念。这座建筑属于新民族建筑类型、中西合璧、简洁朴实。

2.城市公共类建筑

南京民国时期的城市公共类建筑有：（1）国际联欢社、公余联欢社、首都饭店（现为南京华江饭店）、中央饭店、福昌饭店、华侨招待所（现为江苏议事园酒店）、扬子饭店；（2）建康路邮政支局、陵园邮局、江苏邮政管理局大楼、南京电信局旧址、国民政府中央广播电台发射台；（3）浦口火车站、下关火车站、中山码头、南京铁路轮渡栈桥；（4）首都大戏院、大华大戏院、新都大戏院、中央医院、马林医院、中央博物院、"国立美术陈列馆"、中央体育场等。

原公余联欢社，现为尚美学院的办公楼。约于1913年修建，国民政府定都南京后，这里曾经是以公务员为主体的公余联欢社（公余是办公时间以外的时间，即公务之余暇）。

区别于励志社服务黄埔同学会的特点，公余社是国民政府党政军要员以及社会名流娱乐的场所。旧址原有建筑物六幢，后因道路拓宽有拆除，现存西式黄色二层建筑一幢，带有院子，现该处建筑仍在正常使用中。

原新都大戏院。1935 年建成的新都大戏院，是建筑师李锦沛的个人代表作之一，采用了当时先进的钢筋混凝土框架和钢结构屋架。2004 年，因新建德基商业广场大厦，原新都大戏院被拆，在原址上矗立起一副原来的"门脸"，以留作纪念。

原中央医院，现为东部战区南京总医院探视接待处。1929 年开始筹建，大门口典雅地屹立着一个牌坊，牌坊之后的中轴线上，是由基泰工程司的杨廷宝设计、南京建华营造厂承建，1933 年建成的医院主楼。该建筑寓民族传统于西洋制式之中，至今仍在使用。

原"国立美术陈列馆"，现为江苏省美术馆。1936 年8 月竣工，由现代主义建筑师奚福泉设计、陆根记营造厂承建。外观设计上采用西方简洁明快的手法来表达民族性，与近在咫尺的国民大会堂建筑风格极为相似，这一点可谓匠心独具。大楼是钢筋混凝土结构，坐北朝南；正门为立柱式三楹大门，主体四层，两翼三层，左右对称；墙体为斩假石，建筑立面呈"山"形。外形为西式风格，很是典雅，是民国建筑中新民族形式建筑的代表作之一，美观、实用、大方，体现了中西合璧的建筑文化。

原中央体育场，现为南京体育学院运动场。占地千亩，当时设置有田径场、国术场、篮球场、游泳池、棒球场、网球场、足球场及跑马场等。1931 年由基泰工程司关颂声、杨廷宝设计，利源建筑公司建造。

3. 金融、工业类建筑

在《现代汉语词典》中，金融是指货币的发行、流通和回笼，贷款的发放和收回，存款的存入和提取，汇兑的往来以及证券交易等经济活动。金融类建筑有很多，如银行大楼、证券公司办公楼、保险大厦等。工业类建筑是指为工业生产服务的各类建筑，如厂房、生产车间、动力用房等。

南京民国时期主要金融类建筑有：中央合作金库、中国银行南京分行下关办事处旧址、上海商业储蓄银行南京分行旧址、浙江兴业银行南京分行旧址、浙江庆和昌记支店旧址、交通银行南京分行旧址、中国国货银行南京分行旧址等。

交通银行南京分行旧址大楼。这幢建筑具有西方罗马古典复兴的建筑特点，至今依旧华丽气派。建筑大门口有 4 根高达 9 米的希腊爱奥尼式巨柱直抵二楼，大楼外部东西两侧各配有 6 根式样相同的檐柱，建筑轮廓清晰、线条多而不乱。该建筑 1933 年由上海缪凯伯工程司设计，新亨营造厂承建，1935 年 7 月竣工。上海缪凯伯工程司在南京的项目还有江南水师学堂等，新亨营造厂在国内的建筑代表作有上海开纳公寓、南昌邮政大楼、浙赣线杭州钱塘江桥南岸引桥等。

中国国货银行南京分行旧址大楼。该建筑由奚福泉设计，上海成泰营造厂（陈成德和陈成能创办）承建，1936 年元月竣工。大楼共六层，另有地下室一层，钢筋混凝土结构，平屋顶。这幢建筑物的拼花窗棂、花格钢窗及顶部的水泥塑饰等，均带有我国传统式装饰元素，目前建筑整体保存较好。

中南银行南京分行旧址大楼。该大楼呈"L"形，为四层钢筋混凝土结构建筑，装饰艺术派风格。外墙采用黄白相间的泰山石，营造成褶皱样式，在凹进去的地方开窗，突出建筑的竖向感，整体显得挺拔、庄重。

此外，还有金陵兵工厂、民国首都电厂、浦镇机厂、江南水泥厂、永利铔厂、和记洋行、浙江庆和昌记支店旧址等建筑遗迹。

4. 文教、科研类建筑

对于文化、教育、科学研究类的民国建筑，简要介绍以下几处。

金陵大学旧址建筑群，现为南京大学鼓楼校区。内部具有代表性的建筑有北大楼、东大楼、西大楼、礼拜堂、图书馆和学生宿舍等十余幢建筑。起初是清末美国教会（卫斯理会）所建的大学，后来成为我国高等教育的一个起点。金陵大学北大楼，在校园中轴线的最北端，是金陵大学的主楼，一直以来是南京大学的标志性建筑，建于1917年。大楼的设计保持了中国传统建筑特色，又结合了西方建筑布局形式。

原中央陆军军官学校，现为东部战区所辖地。此处是西方古典建筑风格的建筑群，共有西式楼平房79幢（西式平房62幢，西式洋楼17幢），其中最具有代表性的建筑是大礼堂、西式小楼憩庐（蒋介石在南京的日常居所）。憩庐是一幢暗红色的两层小洋楼，建于1929年。大礼堂1928年9月开工建设，1929年2月竣工，由张谨农（1897—1963）设计，杨仁记营造厂承建，坐北朝南，门前大广场地面与建筑同色，衬得欧式风格的大楼庄严又不失风雅。楼高二层，为钢筋混凝土结构，蓝灰色坡屋顶上覆波纹金属瓦。

原"国立中央政治大学"。该处原民国时期的建筑群已毁，现仅存门楼。大门建于1927年，钢筋混凝土结构，典型的罗马风格。

原金陵女子大学建筑群，现南京师范大学随园校区。金陵女子大学（简称"金陵女大"），是美国教会办的女子大学。随园金陵女子大学建筑群，自1922年开工建设，到1923年校舍落成。其中，100号楼，又名中大楼、会议楼，是随园的标志性建筑，正对大门。此楼是单檐歇山顶，小瓦屋面，中部屋顶略高，立面左右对称；主体二层，地下室一层，屋顶一层。300号楼，单檐歇山顶，主体二层，屋顶一层。200号楼，钢筋混凝土结构，单檐歇山顶，主体二层，屋顶一层。金陵女大的建筑外形似传统宫殿建筑，但是局部有很多的改变和创造性建设，是较早进行中西建筑文化融合的一个实例。

原金陵女子神学院。以3幢民国建筑最具特色，分别是博爱楼、博明楼和博雅楼。建于1921—1922年，由金陵大学工程院设计，陈明记营造厂承建。学生宿舍楼为美式传统校园风格筒子楼，坡式屋顶有老虎窗。如今外立面是灰白两色，整个建筑更显得肃穆、洁净。

除以上所述文教、科研类民国建筑之外，还有国民革命军遗族学校旧址、原"国立中央大学"、工兵学校（今中国人民解放军理工大学）、陆军炮兵学院旧址、金陵神学院原校址、河海工程专门学校（今河海大学）、晓庄师范学校（今南京晓庄学院）、南京市第一中学（中山南路）、南京育群中学（中华路）（今南京市中华中学）、南京市力学小学（汉口西路）、鼓楼幼稚园（北京西路）（今南京市鼓楼幼儿园）以及原"国立"中央研究院、"国立"中央研究院天文研究所（今中国科学院紫金山天文台）、中央地质调查所旧址（今南京地质博物馆）、中央研究院气象研究所气象台旧址、"国立"编译馆（今南京光学仪器厂和南京百花光电有限公司）、"国立"中央图书馆（成贤街）（今南京图书馆）、中华书局南京分店旧址、故宫博物院南京分院文物保存库旧址、原国民党中央党史史料陈列馆等。

5.纪念类建筑

在建筑设计上，纪念性建筑的设计要注意营造庄重的外观和气氛、建筑保存时间长、可供后人举行纪念活动、有朴素的艺术造型等。南京民国时期革命纪念类建筑是比较多的，如中山陵、音乐台、仰止亭、光化亭、观梅轩、藏经楼、灵响亭、国民革命军阵亡将士公墓、行健亭、永慕庐等。以下简要介绍几处。

藏经楼，现为孙中山纪念馆。由留学美国的著名建筑师卢奉璋（曾与刘敦桢修复南京栖霞寺舍利石塔）设计，1936年冬竣工。藏经楼包括主楼、僧房和碑廊三大部分，是中山陵一处重要的纪念性建筑。整座建筑雕梁画栋，金碧辉煌，气势不凡。

灵响亭，位于紫金山灵谷寺景区入口大门西，始建于1934年。亭为六角形，重檐攒尖顶，蓝色琉璃瓦覆面；内部梁架施以彩画，由 12 根立柱支撑。

国民革命军阵亡将士公墓，位于钟山风景名胜区灵谷景区。1935 年建成，是近代规模最大的纪念公墓建筑群。建筑群以牌坊、墓门、祭堂、第一公墓、纪念馆、纪念塔等建筑构成，南北有 1 千米长的中轴线，颇为壮观。

行健亭，位于中山陵西南隅道路旁，由建筑师赵深设计，始建于 1931 年 4 月。行健亭的外形美观方正，素雅简洁；亭内横梁、额枋、藻井、雀替都饰以彩绘，两重亭顶均覆以蓝色琉璃瓦。建筑的美术性、实用性很强。

此外还有粤军阵亡将士墓（莫愁湖南岸）、南京驻外九使节烈士公墓（中华门外菊花台公园内）、航空烈士公墓（紫金山北麓）、韩恢墓（卫岗半山坡）、正气亭（紫金山钟山风景名胜区紫霞湖东岸）、励士钟塔（北京东路的和平公园内）、三藏塔（九华山公园玄奘寺内）、永丰社（现为永丰诗舍，地址中山陵 3 号）、孝经鼎（中山陵广场南端的正中）、谭延闿墓（南京灵谷寺东）、永慕庐〔钟山主峰东侧海拔 300 多米的小茅山之顶，古刹万福寺旁；由当时南京市都市计划委员会总工程师陈均沛设计，新金记（康号）营造厂承建〕、宝公塔和志公殿（灵谷寺景区松风阁西侧）、喇嘛庙和诺那塔（玄武湖内）、杨仁山居士墓塔（延龄巷金陵刻经处院内）、邓演达墓（中山门外灵谷寺旁）、徐绍桢墓、廖仲恺何香凝墓、范鸿仙墓、陶行知墓等。南京的民国建筑中，还有一些反映了中共革命斗争历史的建筑，如梅园中国共产党代表团办事处旧址、梅庵（得名于李瑞清先生）、八路军驻京办事处、中央军人监狱、宁海路看守所、利济巷慰安所旧址等。

6. 教堂、使领馆类建筑

教堂、使领馆的出现，是南京在民国时期对国际社会开放、对外交流和往来的印证。牧师、公使、大使等相关人群，大多是外籍人士，在宗教信仰、文化交流、生活起居上，也给当时的南京带来了新的气象、思潮，尤其是建筑风格方面更多地体现出了西方元素，让当时的建筑设计师、营造厂、民众感受到了西方建筑艺术的独特之处。

基督教莫愁路堂。1936年开工建设，由陈明记营造厂的赴美留学建筑师陈裕华设计，属哥特式建筑风格。建筑坐东朝西，高耸的钟塔入口及侧窗的尖顶很是醒目。

石鼓路天主教堂，是一座罗曼式建筑。整座教堂外形呈"十"字形，造型简洁而朴实。现石鼓路天主教堂的内部为典型的四分拱顶，两侧墙上开彩色玻璃的拱券窗，堂内各种图案绚丽壮观。木屋架、仿罗马风的圆拱吊顶虽然重修过，但整体效果仍比较协调。

基督教百年堂及宿舍旧址。1921年，由美国南卡罗来纳州萨姆特城三一堂捐建，用作监理公会国外布道百年纪念。民国初期的传教活动在国内还是很多见的，因而基督教建筑分布也很广。该建筑为西方教堂式古典建筑风格，其东北面约20米处，还有一幢高三层的西式建筑，风格与百年堂相近，相传是传教士住宅。

英国驻中华民国大使馆，现为南京双门楼宾馆。使馆是一座白色墙身、暗红色瓦顶的欧风建筑。建筑的立面为三段式，中间内凹，有门厅凸出。列柱为经典的西洋柱式，水平线条连绵。使馆西立面，应是当时的正门，门前设喷水池，整个院所素雅、洁净。

美国驻中华民国大使馆（司徒雷登任大使期间），现为西康宾馆。此处是1945年抗战胜利后，国民政府迁回南京后大使馆的新地址，之前大使馆另有他处。该处大使馆馆舍由三幢造型相同、规模相等的两层西式楼房和三幢西式平房构成，依山坡地势而建。

除了所述教堂、公使馆、大使馆之外，此类建筑还有基督教圣保罗堂、基督教道胜堂（现南京市第十二中学）、法国驻中华民国大使馆旧址、日本驻南京大使馆旧址、苏联驻中华民国大使馆、葡萄牙公使馆、意大利大使馆、比利时驻中华民国大使馆、墨西哥驻中华民国大使馆、加拿大驻中华民国大使馆、澳大利亚驻中华民国大使馆、多米尼加公使馆、瑞士驻中华民国大使馆、巴基斯坦公使馆、巴西驻中华民国大使馆、挪威驻中华民国大使馆、秘鲁驻中华民国大使馆等。国民政府返都南京后建立起来的公使馆、大使馆等建筑，与民国初期相比建筑规模小、艺术特色较简化，有些甚至是租用私人公馆、民宅作为办公场所。一些建筑的使用、维护、保护也不尽如人意，破败之象可见一斑。

7. 别墅、民居类建筑

民国政府的《首都计划》将颐和路、江苏路、宁海路一带规划为新住宅区，一时高官、名流蜂拥而至，纷纷在此落户、建屋。当然，在不同历史时期，南京城市内其他地方也相继出现过各类别墅、私宅、名人民居，这些建筑群、单体建筑除了建筑本身的艺术价值，其背后的历史价值和人文价值更加吸引人。

薛岳公馆。在颐和小区的东南部，为一栋二层楼房，虽不算高，但体量很大，在公馆区比较罕见。因薛岳（1896—1998）是广东韶关乐昌客家人，所以该房屋带有广东建筑的特色。

宋子文公馆。该建筑始建于1933年，由杨廷宝设计，陶馥记营造厂建造。建筑依山势而筑，采用西方乡村别墅形式。

孔祥熙高楼门官邸，现为居民住宅。公馆建于1932年，是典型的西班牙风格的建筑。该建筑高二层，砖木结构，外墙为黄色，大圆拱窗，坡屋顶，上铺红色筒瓦，整个建筑造型复杂多变。

李宗仁公馆旧址，现为江苏省省级机关第一幼儿园。有一幢门房，一幢楼房，二幢平房。李宗仁（1891—1969）公馆主楼为西式带阁楼的三层楼房，砖混结构，并建有地下室。

李起化旧居。现存主楼、附属楼各一幢，门卫平房一间，楼房为砖混结构、西式风格。其主楼坐北朝南，假三层；外墙米黄色拉毛、线条简洁；大屋架顶、尖顶、四坡顶交错，呈现不规则造型；青瓦、壁炉、塔柱、老虎窗齐全。该住宅体块简洁，墙面线条穿插，聚散伸缩起落，灵巧别致。有说法为该建筑为刘既漂[1]（留法建筑设计师）所购建设计，有其"装饰艺术"的风格。

除以上所述，此类建筑还有汤山陶庐、孙科公馆、阎锡山公馆、何应钦公馆、熊斌公馆、端木杰公馆、顾祝同公馆、胡琏公馆、桂永清公馆、周至柔公馆、熊式辉公馆、邹鲁公馆、蒋纬国公馆、翁文灏公馆、童冠贤公馆、戴季陶公馆、于右任公馆、钮永建公馆、徐永昌公馆、王世杰公馆、王耀武公馆、廖运泽公馆、关麟征公馆、宋希濂公馆、陈布雷公馆、白崇禧公馆、陈诚公馆、陈立夫公馆、汤恩伯公馆、杭立武公馆、谷正伦公馆、钱大钧公馆、石瑛公馆、陈调元公馆、段锡朋公馆、郭忏公馆、刘峙公馆、张治中公馆、邱清泉公馆、黄仁霖公馆、卫立煌公馆、李品仙公馆、郑介民公馆，以及杨廷宝故居、童寯故居、高二适故居、徐悲鸿故居、傅抱石纪念馆、华兴村（文东村）、板桥新村、逸仙村等。也有外国人居所，如拉贝故居、赛珍珠故居、马歇尔公馆等。此外，还有复成新村民国街区（内有"韩国国父"金九等各类名人公馆、中共地下党办事处等）、下关大马路民国建筑群、下关江边路民国建筑群等。

提到南京民国建筑，不得不说一说颐和路街区。近年来，根据国家、省市级规划以及提升街区定位的战略部署和指导意见，结合颐和路街区国际文化交流与合作的历史基础以及城市环境提升的实际需求，引入国际商业规划、区域功能定位和划分的理念，进行国际化的文化展示与体验打造，现阶段已经取得了一定成效，但是，对于街区业态布局、消费引导、文旅软实力的形成、巩固，还需要长时间的活动促进、积淀和不断努力。南京市对颐和路街区的规划建设，反映了由政府主导的近代工程建设的特殊性及复杂性；其规划设计所呈现的街区、道路、空间等也反映了近代住宅区规划的特征。这些建筑单体体现出在中西方文化融合

---

1. 刘既漂(1901—1992)，原名刘元俊，广东省兴宁县叶塘镇留桥村人。先后毕业于上海中华艺术大学、法国里昂大学。民国时期，曾任"国立杭州艺术专科学校"教务长兼建筑设计系主任。在南京办大方建筑设计公司，并在留法朋友刘纪文（南京市市长）、魏道明（南京市建设局长）的支持和引荐下，不仅为国民政府设计了一栋现代化的设备齐全的接见外宾的大厦，而且设计改造了南京市的好几条大马路。

过程中近代建筑师对于住宅建筑设计探索的多样性，也代表了近代南京住宅建筑的最高技术及艺术成就[1]。现今，这里是欣赏、感受民国建筑风情的好去处。

民国时期的南京是海内外名人、能人大量聚集的城市。在民国的整个历史时期，南京的名人府邸、高级住宅区相对比较集中，保存完好，尤以颐和路片区民国建筑的艺术特色强、可传承性强，这些院落和建筑各有特色，每座建筑背后还有它们各自的历史故事，学习、复制价值大。

1. 赵姗姗. 南京颐和路街区近代规划与建筑研究 [D]. 南京：东南大学，2017.

2.4 南京民国建筑类型多样的缘由

1912 年中华民国定都南京后，积极开展、实施《首都计划》，并进行一系列的城市建设，经过 38 年断断续续的规划、建设，在南京出现了一批政府公共行政建筑、革命纪念建筑、观演娱乐建筑、会堂会议建筑、文教科研建筑、工业建筑、经营类建筑、官邸别墅建筑、住宅聚集区，以及外国人兴建的宗教、教育、公益建筑和一批外国使领馆建筑，这些建筑及其背后的人文故事都体现了民国首都南京的过往风华和政治发展面貌。

南京民国建筑风格多样，究其形成原因，主要有以下几方面。首先，是历史原因造成的。国民政府定都南京，加快了城市的建设速度和人口大量汇集的速度。其次，是当时的建筑师的个性设计造成的。一方面，部分民国建筑是由外国设计师直接设计的，是较为纯粹的西洋风格；另一方面，留洋归国的建筑师设计和建造的建筑体现了不一样的风格，同时吸纳了不同业主的审美取向、建筑功能需求和装饰设计风格喜好、生活习惯要求等，展示了当时社会各领域、各阶层不同的价值需求、社会生态。此外，还有部分民国建筑是由本土的建筑师设计建造的。因此，建筑类型、风格多样。

南京现存的不同类型的民国建筑，承载着一定分量的历史变迁、文化内涵，成为人们理解、解读民国历史，以及民国时期政治、经济、军事、艺术发展等的重要窗口。

　　对比全国其他城市，南京民国建筑的现状和保护情况，从规模数量、建筑面积、规格、类别等方面，尤其是从政治意义、现代城市发展来看，在全国是独一无二且无法比拟的。这些民国建筑流派纷呈、造型独特、风格迥异，是近代民国建筑规划、建设的智慧结晶，也是留给南京的宝贵建筑文化遗产，具有很高的历史价值和人文意义。

03

第三章

风格·文化

3.1 建筑风格的一般分析

　　民国风格形成于民国时期，这种风格是当时的人们对音乐、文化、艺术、绘画、建筑等的重新界定，给予了这些领域特殊的时代符号。民国建筑风格就具有民国的风采和基因。

　　建筑风格是建筑美学的关键一环，在进行建筑设计时，首先要从造型、内容和外貌等方面进行定位，确立基调和预想达到的效果。不同历史时期的建筑风格，往往受到当时的政治、社会、经济、大众心理、消费流行趋势、材料、机具和技术熟练程度等的影响或制约，尤其是建筑设计思想、时代观点、审美取向和人的艺术素养等方面的差别，会产生不同的继承、传承、创造和创新的建筑表现方法。比如，古罗马在古希腊的多立克、爱奥尼、科林斯三种柱式的基础上，继承性地创造了科林斯柱头上加爱奥尼柱头的混合式柱式，并参照伊特鲁斯坎人(Etruscans)的传统发展出塔司干柱式，构成罗马五柱式。罗马帝国分裂后的东罗马建立起来的拜占庭帝国，以古罗马的贵族生活方式和文化制度为基础，使罗马建筑艺术融合了东方阿拉伯、波斯文化的特点，形成独特的拜占庭艺术风格。此外，哥特式、文艺复兴后期的巴洛克和纤巧、烦琐的洛可可等建筑风格，都体现着自身的艺术魅力和建筑特色，印证着西方建筑风格的变迁、走向与迥异性。再如，我国的传统建筑，尤其是古代宫殿建筑，其平面严谨对称、主次分明，为砖墙木梁架结构，屋檐走兽、飞檐、斗拱、藻井和雕梁画栋等艺术元素和建筑符号，形成了东方特有的民族建筑风格，使得中国建筑深深烙印在了国人的心里，屹立于世界建筑艺术之中。所以说，无论是外国建筑还是中国建筑，都必须建立、完善自身的建筑风格，并不断沿着民族的特色符号发展和传承。

人类的历史多次证明，建筑体现着一个历史时期的文化，也能表述一个门类的文化。在一定的历史阶段，尤其是在社会急剧发展的时期，建筑会因为复杂多变的因素，而形成特有的文化印记，又在不断的演变中，继承风格的同时创造风格。

南京的民国建筑风格，是区别于上海、天津、广州、青岛、大连、长春、沈阳、哈尔滨等城市的。这些城市的民国建筑更多的是体现"西化"，被叫作"洋楼"，如上海的十里洋场多半是西洋建筑，中西结合的建筑相对较少。而南京民国建筑的类型丰富多样，既有西式建筑风格（西方古典主义、西方折中主义、西方现代主义等）又有中式建筑风格（传统宫殿式、传统民族形式、现代化民族形式等）。

3.2 新民族风格及其体现

3.2.1 新民族风格的产生

民族风格是一个民族独有的代表性风格，传统中式民族风格是中华民族独有的符号，这种风格最能体现传统文化的审美意蕴。随着多民族之间相互融合，经过历代发展与创新，形成了典雅、庄重的中式传统民族风格。

民国时期，在西方文化的影响之下，国内有思想、有前瞻性的营造厂商、建筑商，以及购房人、建筑使用人，逐渐走出了中西合璧的建筑文化实践之路，将中西建筑风格进行理性的融合，创造出了新民族风格的建筑形式。

传统建筑固然是精美的、好看的，但传统宫殿式建筑造价昂贵，费时、费工、费木料，结构防火功能不强，空间的利用率不高。在与西方古典建筑、欧美现代建筑对比之后，建筑设计师进行了大胆的尝试，将烦琐的大屋顶、雕梁画栋等进行了改革、创新，并积极将西方建筑技术、空间结构、材料等具有优势的元素结合进来。民国时期这种中西建筑文化的结合，是一种全新的创造，民族建筑借鉴、融合、利用西洋风格，构建起了本民族的新民族主义风格建筑形式。

新民族风格是在继承和发展传统民族风格、中式风格的基础上，把过于繁复的形式减少，保留其中精华的部分，再融合一些现代元素和新的文化符号，而形成的一种风格。

新民族风格（或者叫新中式风格）是民国时期中式风格与西式风格的结合，它更加符合国人的审美，所以新民族风格在民国建筑中得到了充分体现。

3.2.2 新民族风格建筑简介

新民族风格建筑，又称现代化民族式建筑，是区别于我国传统建筑来说的。民国时期，社会大众刚刚走出封建社会的大沼泽地，崇尚自由、开放但又固守本民族文化，在建筑上表现为，运用西方技术、材料的同时，也更多地重视传统建筑符号、元素、造型等的呈现与展现。

民国时期的这一类建筑，一般采用现代建筑的平面组合形式与体型构图，如钢筋、砖石、混凝土平屋顶或现代屋架的两坡屋顶，简化飞檐斗拱、梁枋彩画和屋脊走兽、鸱吻、角梁等造型，并在檐口、墙面、门窗及入口部分和室内空间上，重点施以传统构件装饰元素，并辅以适当的传统花纹图案、符号、造型等。这样塑造和创设出来的新民族风格的建筑，是在新历史时代背景下的一种自然选择、自然变异，是民族文化的自我进化。而且，有的新民族风格建筑，还对古建筑进行借用、改良、简化或者优化，如门、窗等细部用铁艺、玻璃替代木作，简化雕花、镂空技艺，但整体还可以感受到民族文化的味道，这样的折中主义、混搭处理，让民国建筑增加了别样的审美情趣和视觉体验。

民国时期，南京较有代表性的新民族风格建筑有励志社、国民政府外交部大楼、"国立美术陈列馆"、总统府建筑群等。正是由于这种新民族风格建筑的盛行，使南京在引领近代建筑风格新潮方面，走在当时国内的前列，不亚于上海、天津、广州、青岛等租界城市新民族建筑的探索与努力。民国时期，南京开始城市建设后，新民族风格建筑以南京为大本营，辐射全国，风靡一时，成为我国传统建筑向现代建筑转型过程中颇具特色的小高潮。

新民族风格建筑，主要体现了中西合璧的建筑造型特点，是当时建筑师们对建筑文化发展的智慧贡献。区别于民国之前的旧民族建筑风格，新民族建筑风格是国人对民族建筑元素、艺术符号的再创造，虽然有很多的变化、简化处理和灵活运用，但是，在建筑技艺的体现上，是对传统民族建筑的继承。新民族建筑的出现，标志着民族建筑的演变进入了一个新的时代。

3.2.3 南京民国建筑中的新民族风格

在 20 世纪 30 年代后期，新民族风格建筑的形式被广泛地接受与采用，是民国时期官方对明清官式建筑的追捧以及其在民间影响力的延续。

跟随建筑一同发展起来的营造厂、建筑公司、建筑师队伍，对新民族风格建筑的实践、探索走在了全国的前列，居于引领地位。南京民国建筑中的新民族风格，已突破单纯对传统形式、西式现代风格的模仿和复制，进入了创新、创造的范畴，以下简要介绍几处有代表性的建筑。

原中央体育场建筑群，是民国时期最大的体育场，建造时间为 1930—1933 年。主体建筑田径赛场为钢筋混凝土结构，分别采用了我国传统回云纹样和西方巴洛克浮雕纹样作为外观装饰，建筑外部以水泥粉饰。在这个建筑群中，处处可见中西建筑元素的珠联璧合，以及材料、结构上的创新运用。

国民革命军阵亡将士公墓，建于 1931—1935 年。公墓基本沿袭明代灵谷寺原有格局，由红山门、牌坊、祭堂（今无梁殿）、革命纪念馆（今松风阁）、阵亡将士纪念塔（今灵谷塔）组成。其中，牌坊共分五间，高十米，由钢筋混凝土构筑，外镶花岗石；模仿传统木结构建筑形式，顶上覆盖绿色琉璃瓦，饰有水泥脊兽，斗拱三级，四角起翘。牌坊前设有一对石兽。整个建筑群从形制、造型、布局、空间设计上来看，都是传统建筑手法的表达，但是，在材料的运用上和对一些构件的简化处理上，又体现了传统建筑的新风尚、新变化。

原中央研究院天文研究所，位于紫金山第三峰上，是国人自己设计、建设的第一座融东、西方特色于一身的现代天文学研究机构，由余青松、杨廷宝设计，建于 1928—1934 年。该建筑采用就地开采的毛石做三间四柱式的牌楼结构，上部覆蓝色琉璃瓦。建筑跨于高峻的石阶之上。各建筑间以梯道和栈道通连，各层平台均采用民族形式的钩阑（钩栏）围合；建筑台基与外墙用毛石砌筑，与山石浑然一体，既具有中国传统建筑的韵味，又体现了西方建筑材质与体量的特色。

原中央医院的主楼，由 1927 年加入基泰工程司的杨廷宝先生于 1931 年设计，南京建华营造公司承建，是杨廷宝在 20 世纪 30 年代设计的新民族风格建筑的代表作之一。建筑高四层，钢筋混凝土结构，平屋顶，黄褐色面砖外墙。大楼外观是在西方古典建筑对称式构图的基础上，融合我国传统图案的装饰细部与花纹，增强了建筑的协调性。如今，这里是中国人民解放军东部战区总医院所在地（图 3.1）。

原外交部旧址大楼，始建于 1934 年，由赵深、童寯、陈植三人设计，南京建华营造公司承建，采用现代派经济实用的形式，结合我国传统建筑的特点，是新民族建筑的典范，

图 3.1 原中央医院建筑（詹庚申 摄）

曾被民国年间的《中国建筑》杂志评价为"首都之最合现代化建筑之一"。大楼的顶部为平屋顶，入口处有一个宽敞的门廊。主体四层、两翼三层，另有半地下室一层；水泥基座，褐色面砖饰面，设计平面呈"工"字形[1]。整座建筑的平面设计与立面构图，基本采用西方现代建筑手法，同时结合了我国传统建筑的特点和细部符号。整个建筑力求中西合璧，经济实用，又不乏炫目富丽和浓郁的民族风情，其风格一直影响至二十世纪五六十年代的建筑作品（图3.2）。

原国民大会堂，建于1936年，由陆根记营造厂承建。国民大会堂的建筑造型属于西方近代剧院风格，建筑立面采用了西方近代建筑常用的勒脚、墙身、檐部三段式构图，装饰简洁、明快、大方。既有现代感，又有民族风格，如传统民族建筑上镂空四扇门的保留使用、门簪被当作屋檐下的装饰等。该处建筑是中西合璧的新民族形式建筑实例之一，也是比较成功的民国时期公共建筑（图3.3）。

原"国立美术陈列馆"建于1935年，主楼建筑四层，立面呈"山"字形，外形简洁、庄重、典雅，高大的玻璃窗、石材饰面显示出它的西式风格，但其中也融入了一些民族的元素，如窗棂图案、门口造型等的表现。该建筑是民国建筑中新民族形式建筑的代表之一（图3.4）。

原国民政府铁道部建筑群，现为国防大学政治学院南京教学区，建于1928—1933年，由上海华盖建筑师事务所建筑师赵深、范文照设计，1933年5月建成后到1937年一直为国民政府铁道部使用。建筑群为南北方向排列，由三座钢筋混凝土结构的建筑组成，平面呈长条形。中央办公大楼高三层，两侧附楼高二层，另有一层地下室。主体为宫殿式屋顶，飞檐翘角、雕梁画栋、正脊兽吻，配以紫红色砖墙、白色大理石台阶、朱红色立柱，尽显富丽堂皇。中式传统建筑装饰和西式的建筑结构在这里得到了近乎完美的融合（图3.5）。

原国民政府交通部大楼，由上海协隆洋行的俄国人耶朗设计，利源建筑公司承建。1932年设计，1934年竣工。曾

1. 张娟.民国南京外交部大楼的建筑文化[J].档案与建设.2014(10):62-65.

图 3.2 原外交部旧址大楼（詹庚申 摄）

图 3.3 原国民大会堂（作者 摄）

图 3.4 原"国立美术陈列馆"（作者 摄）

图 3.5 原国民政府铁道部建筑（詹庚申 摄）

是重檐歇山顶、覆琉璃瓦的传统宫殿式建筑，钢筋混凝土结构的建筑平面呈"日"字形，主楼与两翼楼之间各设计了一个天井。大屋顶在战火中被焚毁，后国民政府将重檐歇山顶改为铁皮平屋顶，传统宫殿式建筑的风格已经弱化，尽管如此，目前的建筑外形依然是新民族风格的一种体现（图 3.6）。

图 3.6 原国民政府交通部内建筑（徐振欧 摄）

3.2.4 对新民族风格建筑的评析

新民族建筑形式的出现，反映出了民国时期建筑师面对现状和未来的独立思考，这是革命新社会、建筑新材料、造物技法升级换代等共同促进、导致的。

新民族风格，是在近代建筑上施以传统构件、纹样、细部装饰的处理方式，这是"民族形式"建筑的一种重要模式和特点，也是对传统固有式建筑风格的反思与现代建筑国际性展望。进一步来说，这种风格是主动地吸纳、创造，是近代历史发展推动下民族建筑的自然演进，其将我国北方建筑的粗犷浑厚、南方建筑的灵巧细腻，与西方古典建筑的雍容典雅、现代建筑的简洁明快等风格交融起来，形成了一批批当时令人耳目一新、美轮美奂的新民族式风格的建筑。今天，南京留存下来的优秀民国建筑，不仅依旧发挥着使用功能，更重要的是这些建筑成为南京城市中的建筑景观、文化遗产，令人驻足流连、如沐春风。在民国时期，我国的建筑文化民族主义者，既承认建筑科学技术具有世界性、普遍性，同时又强调建筑风格的民族性、历史传承性，是在特殊历史时期，对传统文化、民族建筑艺术与技术的拓展。

放眼国内民国建筑遗产，即有传统的古代建筑、纯西式的洋建筑，也有现代派风格的新建筑，而对后世我国建筑文化发展、传统建筑历史产生影响最大的，就是兼具科学性与艺术性的近代民族形式建筑，即中西结合的狭义民国建筑。这一类建筑最能体现近代建筑酌古参今、兼容中外的时代特征与艺术魅力。民族建筑的发展是在历史的长河中不断自我选择、自我完善、自我进化的过程，因此，建筑风格和形式的变化是动态的，是在不断地吸收、对比、传承、创新中得到发展和被人们认可的。

目前遗存下来较为完整的南京民国建筑，很多都为文物保护单位，无论是群体建筑、单体建筑，还是结构、装饰，大多数具有非常典型的中西交融的艺术特征，当时这种新民族风格的建筑是最漂亮、最贴近国人审美的，这种风格形式对当代建筑设计、城市景观的打造，也具有重要的参考价值和研究意义。改革开放以来，现代建筑凭借其建造时间短、效率高，物料需求少，成本、时间可控等诸多现实优点受到人们青睐，因而在城乡建设中，大多选择现代建筑。我们可以在现代建筑的设计上，加强对民族传统建筑符号、元素的嫁接和应用创新，而不是完全抛弃民族传统建筑的风格。

3.3 传统宫殿式风格的解析

3.3.1 传统宫殿式建筑的演变

我国传统建筑流派很多，因所处地理位置、气候、当地风土人情等条件，形成了不同风格的建筑和建筑风格，如四合院、地坑院、蒙古包、毡房、康巴民居、干栏式建筑（即干栏巢居、栅居）、千脚落地房，以及发展成熟的徽派建筑、京派建筑、苏派建筑、晋派建筑、闽派建筑、川派建筑等。自夏商周以来，宫殿建筑伴随着王权统治、封建制度的沿袭不断演进，秦汉宫殿的硬朗、唐宋宫殿的华丽、明清建筑的规范和端庄，虽然在建筑造型、图案、门窗、装饰、技艺上有变化，但都很好地沿袭和传承了下来，经过几代工匠的智慧开创，传统宫殿建筑在清代应该说已经达到了登峰造极的顶点，是我国古代文明的重要体现。

从历史、政治、地理位置来看，在元、明、清代，代表中华民族政治、经济和文化的中心处在北方，因此北方院落民居有重要的地位。提到北方院落和民居建筑，人们会想到四合院，四合院逐步成为京派建筑的典型代表，是古代官式建筑、宫殿建筑的基本单元。经过皇家、权力机构的推进和发展，其在功能分区上更加细致，兼顾了办公与居住两项职能，加之体积规模增大、建筑用材考究上乘，就形成了宫殿建筑。比如，故宫就是宫殿建筑的问鼎之作，它好比是一个放大了的传统四合院，故宫的居住区域是由大量后宫嫔妃等人的居所，即很多的四合院组成。

我国遗存的宫殿建筑是几千年来古代帝王所居的大型建筑组群，是古代最重要的建筑类型，是权力的象征。在长期的封建社会发展过程中，宫殿建筑是对不同时期、不同朝代皇权封建思想意识、集权管理状况、国家机器财力物力、生产力最集中、最直接的体现，在很多方面代表了传统建筑艺术的最高水平，是先民的集体智慧成果。这种传统宫殿式风格建筑的精神一直延续在国人的血脉之中，在任何朝代都体现出其光彩夺目的人文艺术魅力。民国时期，这种建筑形式还多被用在国家党政军、行政办公类的大楼上，建筑造型、材料、色彩等或有演变，但是极具代表性的大屋檐一直没有改变。

3.3.2 传统宫殿式建筑在南京民国建筑中的体现

宫殿式建筑，又称宫廷建筑，尤其是那些自古传承和留存下来的古代建筑、木作技法以及工序技艺，是我国传统建筑的精华，堪称文化瑰宝。南京民国时期的传统宫殿式建筑，大都华丽壮观、金玉交辉、巍峨高大，具有严格的等级规格制度，以及很多符号和寓意。传统的宫殿式建筑经过不同朝代的改进、优化和发展，寄托着国人的集体向心力和文化精神风貌，就建筑本身和空间、采光通风、构造等方面而言得到了极大的提升。

国民政府定都南京后，在制定的《首都计划》中明确强调，首都南京的建筑体系、规制、形态，是以"中国固有之形式为宜，而公署及公共建筑尤当尽量采用"。这里的"中国固有之形式"，就是指皇家宫殿式建筑、传统宫殿建筑、官式建筑等建筑形式，要求党政军、行政办公类建筑，要优先考虑和使用这种风格。但是，由于这类传统宫殿式建筑逐渐退出历史舞台，社会、科技、各种思潮出现了跨越式进步，使得参与首都建设的建筑师、设计师们，只有选择对旧建筑进行改造、优化和提升，才能满足当时的实际需求。因此，南京民国传统宫殿式建筑的营造，既要符合当代建筑的功能需要，又要表现我国传统建筑的外貌、形式，必须顺应时代潮流与国民集体意志要求。所以在二十世纪二三十年代的南京，这种风格的建筑一经改造、推出，就成为一股城市建设的时尚之风。

原"国立中央博物院"，建于1936—1948年，因战事曾停建、复建，位于中山门（原朝阳门）内半山园，是我国创建最早的博物馆、首座大型综合类博物馆，直属原国民政府教育部，后作为中央博物院。如今，这个旧址以及建筑被建设为南京博物院。在院内，建有一座传统宫殿式建筑，采用了南京近代仿古建筑中最为古老的建筑风格——仿辽式建筑[1]。大殿的主体结构采用了以辽宁锦州义县奉国寺（初名咸熙寺）为蓝本的辽式风格，但在各部分细节上仍然有众多创新及改变，如体量、屋脊兽、斗拱、檐口等都有所变形与创新。这体现了建筑师对于中式传统建筑技术、西洋钢筋混凝土等新材料的应用，以及两者之间的融合与大胆创新。

中央博物院大殿的建筑设计思想突出了我国优秀古建筑的风格，传承、弘扬了中华民族的传统精神、建筑文化艺术，同时又区别于中山东路上另外几处大屋顶的仿古建筑，更有新意（图3.7）。

原国民党中央党史史料陈列馆，现为中国第二历史档案馆馆舍。建成于1936年，入口是一幢仿古的牌楼，院内有一座传统宫殿式的建筑，全部以水泥预制件构成，坚固大方、装饰精致，具有近代官式建筑的风格。大楼的东南、西北、东北、西南四个方位，各建有一座四面坡攒尖顶的警卫房，顶覆绿色琉璃瓦，像星宿一样环绕在主楼的四角，是古代传统建筑手法上主次关系的体现，也是功能、艺术、风水等元素的再体现。第二历史档案馆内的建筑群是民国时期用现代材料建造传统建筑形式的代表（图3.8）。

原国民党中央监察委员会建筑群，建成于1937年。院内有一幢仿古大屋顶宫殿式建筑，重檐歇山屋顶，上覆深绿

1. 位于辽宁省锦州市义县的奉国寺，是辽代木构建筑的典范，其建筑形态反映了辽代建筑的一些典型特征。奉国寺建筑，既受到宋代建筑技术与规范方面的影响，又在文化价值上保存了唐代的遗风、余韵。

色琉璃瓦，屋檐之上的仙人走兽排列有序。建筑上额枋旋花彩绘清晰可见，色彩斑斓。仿木斗拱为混凝土制作，柱座为莲花图案的假石饰面，像金刚座（也称须弥坛）。目前，这幢建筑物保存良好，值得大家欣赏（图3.9、图3.10）。

图 3.7 原中央博物院大殿（作者 摄）

图 3.8 原国民党中央党史史料陈列馆（作者 摄）

图 3.9 原国民党中央监察委员会主建筑（作者 摄）

图 3.10 原国民党中央监察委员会主建筑装饰细部（王虹军 摄）

中山陵藏经楼，位于中山陵与灵谷寺之间。走进藏经楼之后，会看到主楼、僧房和碑廊三部分建筑物。藏经楼由中国佛教会于 1934 年 11 月发起募建，1936 年竣工，民国时期一度是佛教的一个活跃场所。主楼是一座钢筋混凝土结构的重檐歇山顶式宫殿建筑，高 20 米左右，屋顶覆绿色琉璃瓦，屋脊及屋檐覆盖黄色琉璃瓦，门、窗、栏杆都有传统建筑的符号、图案，审美元素多，值得细细品味与欣赏（图 3.11、图 3.12）。

原国民政府考试院，此处曾为武庙，1931 年于武庙废址上建立了考试院的建筑群。简要来说，整座考试院内部为园林式建筑群，多为仿古式建筑，按东西两条平行的轴线排列，西边依次为西大门、孔子问礼图碑亭、明志楼、公明堂等。东边依次为泮池、东大门、武庙大殿、宁远楼、华林馆、图书馆书库、宝章阁等。此建筑群的东西两个大门均为传统建筑样式。东大门是典型的重檐歇山顶，上覆琉璃瓦；西大门为三开间牌坊式建筑，钢筋混凝土结构（图 3.13～图 3.16）。

从考试院东大门进入大门后，右边为阅卷大楼——衡鉴楼，紧接阅卷大楼的是大考场——明志楼。明志楼是考试院的中心建筑，仿明清宫殿式建筑，钢筋混凝土结构，屋面覆绿色琉璃瓦，斗拱、檐椽、梁枋等均有彩绘。现存武庙大殿为重檐歇山顶，砖木结构。民国时期有修缮，将其内部改建，添加楼板，便于使用。大门左为办公大楼——宁远楼（"宁远"取"宁静致远"之意）。

励志社，建于 1929—1931 年，前身是黄埔同学会励志社，以黄埔军人为组织对象。励志社是由 3 幢清代宫殿式大屋顶建筑构成的院落，建筑呈"品"字形分布。由范文照、赵深设计，陆根记营造厂承建。由西向东排列的是大礼堂、1 号楼、3 号楼，均坐北朝南。这种房连廊的造型，是传统宫殿建筑的鲜明特点。励志社建筑群的风格是民国时期建筑对传统宫殿式建筑的传承，曾在南京风靡一时，但其建设投资多、建

图 3.11 藏经楼建筑外观（作者 摄）

图 3.12 藏经楼建筑内部装饰（徐振欧 摄）

图 3.13 原考试院西大门（作者 摄）

图 3.14 原考试院东大门（徐振欧 摄）

图 3.15 武庙大殿（徐振欧 摄）

图 3.16 明志楼（徐振欧 摄）

造周期相对较长，从民国中后期至今，很少再用作行政办公大楼（图 3.17）。

原国民政府主席官邸，又称美龄宫，建于 1931—1934 年，采用现代钢筋混凝土的建筑技术建造，外形模仿古代建筑，大屋顶、多檐、黄墙、绿顶，院落和室内空间设计大方、合理。内部为西方风格的室内装饰与陈设，水磨石地面、护墙

图 3.17 励志社旧址建筑正面一隅（徐振欧 摄）

板、马赛克地面、铁艺扶手、木地板、供暖设施等应有尽有，致力于建造既符合现代功能需要，又能表现我国传统风貌的建筑，得到了很多国人的认可与欣赏（图3.18）。

图3.18 美龄宫主楼（作者 摄）

原国民政府铁道部建筑群，建于1928—1933年，是由当时著名的华盖建筑师事务所的赵深、范文照设计。建筑群由两个三层楼、三个两层楼组成，全部为传统宫殿样式、钢筋混凝土结构。目前，中山北路两侧的这群建筑均为南京政治学院办公、教学区。中山北路的路东，是原铁道部大楼，为传统宫殿式建筑，面朝西北，整个建筑宏大而华丽。楼前平台分三排踏道，钩阑夹护。门厅上雕梁画栋，以红蓝两色为主色调，木雕窗棂，铁铸吊灯，地面水磨石拼花，墙裙、压角线等做工细致，尽显富丽堂皇的气派。绕到主楼的后面，有红砖建造的花园式西式别墅一座，系孙科担任铁道部部长期间建造。最初也是孙科的官邸、办公楼，如今该楼还未经过太多的整修，保持了更多古朴的味道，室内的楼梯、门窗、吊灯等还是当年原物（图3.19）。这些建筑基本保存完整，风采不减当年，至今仍发挥着一定的办公作用。

除以上所述，在南京民国建筑中，宫殿式风格的建筑还有：

（1）原金陵大学建筑群。金陵大学礼拜堂、北大楼、西大楼、东大楼等建筑群，建于1926—1931年。这些建筑物一律都是青砖墙面，歇山顶，上覆灰色筒瓦，建筑造型严谨对称；进深较大，窗户较小，显得封闭稳重，体现了我国

图3.19 原国民政府铁道部建筑一角（徐振欧 摄）

北方官式建筑的特征；建筑构造、砖瓦材料之间透着与江南、苏式风格不一样的别致之处（图 3.20）。

（2）原金陵女子大学会议楼、科学馆、文学馆、图书馆、大礼堂等建筑群，建于 1922—1934 年之间。据相关介绍，金陵女子大学建筑群由美国建筑师亨利·墨菲规划设计，建筑师吕彦直负责建筑设计，陈明记营造厂承建。1922 年开工

建设，到 1923 年校舍落成，迁入时完成了 7 幢宫殿式建筑：100 号（会议楼）、200 号（科学馆）、300 号（文学馆）和 400~700 号（4 幢学生宿舍）。起初是美国教会的建筑，国民政府定都南京后，于 1927 年将校务转交国人，1930 年被国民政府教育部更名为金陵女子文理学院。1934 年又建造了图书馆、大礼堂。如今是南京师范大学随园校区，校区的古建筑群，

图 3.20 原金陵大学内宫殿式风格的礼堂

（徐振欧 摄）

造型是传统宫殿式建筑风格，建筑结构采用西方钢筋混凝土结构，建筑物之间以我国古典式外廊相连接，为中西合璧的东方建筑群，被称为"东方最美丽的校园"。经过几十年的建设和维护，这些建筑依旧在使用之中，校园园林建设在国内高校中独树一帜。每年的秋季，银杏叶黄，校园内的风光别有一番风味和诗意（图 3.21、图 3.22）。

我国有着光辉灿烂、历史悠久的文化，而古建筑艺术更是东方艺术的亮丽之处、精华所在。参观这些知名的宫殿式建筑时，人们不仅可以感悟到其独特的魅力，更是可以感受到我国古代文化的璀璨荣光。

图 3.21 原金陵女子大学校园内建筑（一）（王虹军 摄）

图 3.22 原金陵女子大学校园内建筑（三）（徐振欧 摄）

3.3.3 传统宫殿式风格建筑的走向

传统宫殿式建筑的演变，是社会、历史发展推动的，是建筑文化自身创新的必然变化。我们不得不承认，在消灭了几千年的封建帝王专制之后，这些宫殿式建筑文化得到了广大人民的继承与发展。历代劳动人民对其进行改造，以及在民国时期中西融合、中西混搭中的简化处理等，都是对传统宫殿艺术继承与传承的创造性吸收。这里值得一提的是，要避免一味简单套用古代宫殿形式，这会在功能、技术和经济上遇到极大困扰，要走创新、优化的传统宫殿式建筑设计之路。

传统宫殿式风格建筑如今的推广应用，还停留在寺庙修建、旧建筑复原上，现代都市建筑、现代化建筑对于这种风格好像已经形成了集体的沉默。多数人认为，传统宫殿式建筑造价高昂、不够时尚等，这些偏见反映出人们对民族建筑的不自信、对传统建筑创新的信心不足。首先，传统宫殿式建筑并不是封建社会的符号，大屋檐也不是不能运用在高层建筑上，具体要看怎么设计、怎么进行造型的创新。其次，建造传统宫殿式建筑，并不是全用木料、砖瓦，现代材料丰富发达，金属材料、塑料、树脂、碳纤维等新兴材料，都可以使用和进行创新制造，只需要体现出宫殿式建筑的代表性造型、象征性符号，就可以形成所需的建筑特色。传统宫殿式风格建筑在园林景观及文博、文旅、文创领域是大有作用、大有作为的，只是挖掘还不够。

在新时代，我们的建筑科技已经今非昔比，建筑技术、建筑材料、建造手段和工具，以及建造的思路、方法和理念都有了与之前很大的不同与进步。但是，中国风、中式风格、宫殿艺术符号等元素，还依旧在人们的心中保留，人们仍热衷于新中式、传统风格、宫殿建筑的特点在自身居所空间、建筑装饰上的体现。现在市场上的中式风格、新中式风格、禅意风格甚至日式风格，都带有或多或少的传统宫殿式建筑风格的影子。一些仿古式建筑就更是对传统宫殿建筑的继承与发展，运用新材料、新工艺进行传统中式建筑的设计与建造，这些都说明了一点，代表国人文化基因的传统宫殿式风格建筑，永远是有市场的，是值得我们建筑师、设计师、园艺师思考和探究的。

3.4 西方古典式风格及其广泛应用

3.4.1 西方古典式建筑

西方古典建筑的重要造型手段是古典柱式，包括多立克式、爱奥尼式、科林斯式、塔司干式、复合式，这是希腊、罗马以及后来西方文化不断发展、裂变、成熟的结果，造就了西方建筑高大、典雅、华贵、精致的艺术成果，给世界建筑历史增添了丰富而宝贵的文明。正是有了西方古典文化，才有了西方古典建筑文化。

古典主义建筑风格，简单概括就是以精确的比例和构图在建筑中加入希腊罗马元素。狭义的古典主义建筑，指运用"纯正"的古希腊罗马建筑和意大利文艺复兴建筑样式及古典柱式的建筑，主要是法国古典主义建筑，以及其他地区受它影响的建筑。古典主义是后代对之前的古典时代的继承、认可和再接纳，因为西方古典时代曾经创造了瑰丽的希腊、罗马等辉煌的文明，给建筑、文学、绘画、宗教等带来了深刻的影响和改变，所以作为对经典的崇拜、继承，古典主义建筑便得到了广泛推广、使用。

古希腊的建筑艺术，是欧洲建筑艺术的源泉与宝库，影响了世界艺术的发展。西方学术界通常将古代希腊、罗马称为古典时代，并将古希腊文化、古罗马文化界定为古典文化。古典时代之后，西方尤其是欧洲的文明发展迅速，乃至引领了世界前进的步伐。可以说，古希腊、古罗马的文化是西方古典文化的珠穆朗玛峰，是一段辉煌的历史，影响了后世的世界文明和艺术风格。

对于西方古典文艺风格，著名艺术史家温克尔曼[1]曾做过精彩而恰当的概括，即高贵的单纯和静穆的伟大。西方人对自己历史的认可度还是很高的。的确，西方古典时代的建筑艺术，比同时期的文学、绘画作品更容易保留至今。古典艺术风格及其表现形式，不仅成为文艺复兴时代学者和艺术家们所追逐和模仿的对象，而且给18、19世纪的欧洲古典主义运动以极大的影响。如今看来，古典风格主要是以庄重典雅、优美和谐为重要特征，给艺术、绘画、建筑领域注入了强大活力。

历经时间的洗礼，西方古典风格传播并流行于世界各地，一些古迹至今仍然令人赞叹不已，这充分体现了古典主义建筑的魅力和艺术持久力。

3.4.2 西方建筑风格的特征分析

从西方的建筑发展历史来看，西方建筑风格大致有以下几个发展类型。

1. 古希腊建筑风格

古希腊是欧洲文明的摇篮，也是欧洲建筑艺术的摇篮。古希腊建筑采用的是梁柱结构，是一种横向稳定体系，从上到下分成山墙面（屋顶）、柱式、基座。柱式有三种：多立克、爱奥尼、科林斯。这三类柱式似乎是通过对人体的崇拜、对力量的刻画来展示种族和民族的伟大、崇高。古希腊建筑以神庙为主，柱式体系是其精华所在，最突出的特点是柱子多、有三角形的门楣。古希腊神庙注重外部空间，因其祭祀活动主要在室外进行，柱廊使建筑有很强的雕塑感，内部空间、采光、比例都很和谐。

代表建筑主要有圣地建筑、雅典卫城、雅典卫城中的诸多神庙。

1. 温克尔曼（1717—1768），普鲁士人，他从对艺术作品的直观感受出发，经过批评的中介，而达到美学的理论高度。即艺术作品—直观感觉—分析批评—美学理论。

2. 古罗马建筑风格

古罗马建筑是对古希腊建筑的延续和发展，所以古罗马建筑中希腊柱式也用得非常多，古罗马人创造性地发明了"拱券"，优化了希腊建筑，拓宽了柱子的适用范围，叠柱、双柱、束柱得到了发展。尤其是拱券结构的出现，使得罗马式建筑空间丰富、造型更有层次，常见的三种拱券形式为筒形拱、十字拱、穹隆。"拱券"的升级版就是"穹顶"，典型代表建筑是罗马的万神庙，其穹顶直径达 43 米。正是这种屋顶，以"圆"为主的风格，成为古罗马建筑与古希腊房屋类建筑最明显的区别。此外，促进古罗马建筑结构发展的还有混凝土的运用。

代表建筑主要有集中式——罗马万神庙（穹隆），券柱和叠柱式——角斗场（筒形拱 + 十字拱）、卡拉卡拉浴场（十字拱）、凯旋门、图拉真广场等，塞哥维亚罗马高渠。

3. 拜占庭式建筑风格

公元 395 年，罗马帝国分裂成东、西罗马帝国。基督教也分成了两大宗：西罗马是天主教，教堂形式采用巴西利卡式；东罗马是正教，教堂形式为希腊十字式。东罗马帝国（后被称为拜占庭帝国）随着东进，与东方文明交融、碰撞，汲取了波斯、两河流域、叙利亚等东方文化，形成了与罗马式大同小异的建筑风格——拜占庭式建筑，区别是建筑顶部的圆形穹隆和洋葱头造型。拜占庭式建筑风格，现多存于捷克、波黑、俄罗斯等东欧地区，对俄罗斯的教堂建筑、伊斯兰教的清真寺建筑，都产生了积极的影响。

拜占庭风格较好辨认，代表建筑主要有圣索菲亚大教堂、圣马可大教堂。

拜占庭建筑风格对欧洲和西亚有重要影响，并对我国新疆、西藏、内蒙古等地区的建筑文化艺术形态产生了一定影响，具有很好的文化交流促进作用。

4. 哥特式建筑风格

中世纪时，天主教是西欧各国封建社会中占统治地位的宗教，也给建筑带来了翻天覆地的变化。这一时期出现了哥特式建筑，这类建筑尖塔高耸，有尖形拱门，窗户很高很大，花窗玻璃上绘有圣经故事，建筑与宗教结合紧密。

哥特式（Goth）最早是文艺复兴时期被用来区分中世纪时期的艺术风格。哥特式建筑在法国兴起，而后流传到英国、德国、西班牙。哥特这一称谓的意思是"非理性的、野蛮的"，源于文艺复兴。它总体风格特点是：（1）空间上长、窄、高，给人一种向上的动势，表现出空灵、纤瘦、高耸、尖峭之感。（2）结构上，两圆心尖券、肋拱、飞扶壁使得结构轻盈，尖十字拱的运用使得内部空间不等跨等高，节奏感强烈。（3）立面上是两圆心尖券、尖塔、三段式布局、玫瑰窗等。

从人的第一直观感受来说，天主教建筑的风格就是：高。人们相信教堂建得越高，就越接近上帝。想和耶稣、天使、圣人们欢聚一堂，于是就造出了这样"直插云霄"的建筑。

哥特式建筑在表达宗教情绪的同时，具有高度的理性精神，建筑艺术上突出表现内心世界神圣与邪恶的边缘，描绘在爱与绝望之间的挣扎、嘶叫的痛苦和清醒。在西方，哥特式强烈而夸张的艺术造型，曾一度跟随着教堂、教皇权力的发展兴盛过一段时间。代表建筑主要有法国巴黎圣母院、英国约克大教堂、德国科隆大教堂、英国威斯敏斯特宫、意大利米兰大教堂等。

5. 巴洛克建筑风格

巴洛克是一种代表欧洲文化的典型艺术风格。巴洛克建筑是17—18世纪在意大利文艺复兴建筑基础上发展起来的一种建筑和装饰风格。巴洛克风格的建筑给西方建筑印上了深深的烙印，以至于以此可以明显地与其他种族、民族、国家的建筑文化相区别。

文艺复兴时期，人们的思维开始活跃起来，当时的人们不再相信神，明白了信上帝不如信自己、信知识、信商业、信远航，这便是所谓的"资本主义萌芽"与"人文主义兴起"。因为有了这样的意识形态，所以不再满足于方方正正的建筑。从外观来看，巴洛克建筑的特点是外形自由，多采用以椭圆形为基础的"S"形，追求动态感，喜好富丽的装饰和雕刻、强烈的色彩，常用穿插的曲面和椭圆形空间；而且，它的风格自由奔放，造型繁复，富于变化，让建筑变得不那么呆板。只是有的建筑装饰堆砌过分，如建于1748年的西班牙圣地亚哥大教堂、1638年开工的罗马圣卡罗教堂。

巴洛克风格出现之后，教堂不再只是方方正正的造型，曲面越来越多。比如，在巴伐利亚、捷克、波兰和乌克兰，教堂建筑普遍存在梨状穹顶、葱圆顶，上面有旋转的线条、花草图案和雕刻的花纹等。

巴洛克建筑作为静止的建筑物，却能够带给人以全面运动的错觉，这不得不说是建筑学关乎建筑体验的一个极大的进步。具体来说，巴洛克建筑风格的特点是在造型上大量使用曲面；趋向自然、多运用各种植物形状装饰图案。但有人认为，巴洛克建筑看起来怪诞而迷幻，缺乏应有的克制与秩序。

代表建筑主要有英国圣保罗大教堂、法国凡尔赛宫、罗马耶稣会教堂、十四圣徒朝圣教堂、罗马圣卡罗教堂、圣地亚哥大教堂、梅尔克修道院、叶卡捷琳娜宫、罗赫尔修道院教堂、维尔茨堡官邸、茨温格尔宫、罗马圣彼得广场等。

6. 法式古典主义建筑风格

法国在西方世界曾创造了辉煌夺目的历史，17世纪到18世纪初的路易十三和路易十四专制王权极盛时期，法国极力推崇古典主义建筑风格，建造了很多古典主义风格的建筑。西方古典式建筑，主要就是指17世纪后期从法国兴起的古典主义建筑，可见这种风格对欧洲乃至世界其他城市建筑风格的影响之深。继意大利文艺复兴之后，法式的古典主义建筑成了欧洲建筑发展的主流。从这一时期开始，世界对法国浪漫主义、古典主义等多种艺术风格有了认识并逐步接纳，法国的工业革命也促进了其绘画、建筑、艺术、文学、科技、航海、酿酒等领域的快速发展。

法式古典主义建筑风格庄重大方，建筑多采用对称造型，气势恢宏，居住空间豪华舒适；屋顶多采用孟莎式，坡度有转折，上部平缓，下部陡直。这种风格的建筑，屋顶上多有精致的老虎窗，或圆或尖，造型各异。外墙多用石材或仿石材装饰，细节处理上运用了法式廊柱、雕花、线条等，制作工艺精细、考究，常被应用在西方宫廷建筑、纪念性建筑和大型公共建筑中，具有很好的建筑艺术效果。代表建筑主要有卢浮宫东立面、恩瓦立德新教堂。

如果说巴洛克建筑为了追求更刺激的建筑体验，过分地堆砌和使用希腊罗马元素，是手法主义的代表。相反地，为了追求更明确的知识体系和建造规则，将一些希腊罗马建筑中的规律奉为圭臬，此为"教条主义"。法式古典主义建筑便是教条主义的代表。但是，回顾法式古典主义早期的一些知名建筑，还是可以看到其值得认可和推崇的诸多优点。

7. 洛可可建筑风格

洛可可风格出现于 18 世纪法国古典主义后期，流行于法国、德国、奥地利等欧洲诸国。其精致而华丽的花边装饰，让人眼花缭乱。也有人认为，洛可可主要是一种室内装饰风格，崇尚自然，喜用曲线造型、不对称构图，色彩柔和娇丽。

洛可可风格建筑的主要特点是一切围绕柔媚顺和来构图，特别喜爱使用曲线和圆形，尽可能避免方角，装饰和陈设繁杂。在艺术特色上，它常运用多个"S"线组合成一种华丽雕琢、纤巧烦琐的艺术样式。此外，还喜欢张挂绸缎幔帐、油画和晶体玻璃吊灯，陈设瓷器、古玩、古董、珠宝，力图显出豪华的高雅之趣、温柔华贵之气。后来，它的格调却因装饰手法过于刻意、堆积感强而显得柔媚有余，自然韵雅不足，因而，现代的建筑装饰、室内装饰中较少使用这种风格。

以上几种建筑风格各自的特点可概括为：古希腊三角门楣下面是柱子；古罗马中意拱券和穹顶；拜占庭头顶像洋葱；哥特式没有最高只有更高；巴洛克和洛可可金光闪闪爱曲面。

这些特点在南京的民国建筑上，也有直接的体现与诠释。

3.4.3 民国时期南京的西方古典式建筑

西方古典建筑风格随着近代的战争、贸易、文化传播，流入民国时期的首都南京，因此在南京也有一些带有西方古典式风格的建筑。

原"国立中央大学"[1]，今东南大学所在地，曾是明朝国子监（国家教育管理机构）所在地，千百年来，书声不断，学泽绵延。1923 年建成的原中央大学体育馆，属西方古典主义风格，屋顶用红色铁皮覆盖，设置烟囱。

原"国立中央大学"图书馆，现东南大学图书馆，该建筑建于 1922—1924 年间，设计者是西方建筑师、美国人帕斯卡尔（Jousseume Poscal）。图书馆外部采用西方古典主义式样的爱奥尼柱廊，细部装饰精美，灰色的建筑与"国立中央大学"浓郁的学术氛围相融合，掩映在高大的梧桐树下，营造出了智慧、哲思、沉稳与古典的建筑氛围。"国立中央大学"图书馆建筑，符合西方古典建筑形制，是南京地区最为地道的西方古典式建筑实例。整个建筑造型严谨，比例匀称，雄伟气派，这样的建筑文化给东南大学的学术精神、办学文化都增添了别样的色彩（图 3.23）。

1. 该校 1921 年由时任南京高等师范学校校长郭秉文等人联合创建，1921—1927 年间叫"国立东南大学"，1927年北伐军攻占南京后，学校整合改组为"国立第四中山大学"。后来历经江苏大学、"国立中央大学"、"国立南京大学"、南京工学院到现在的东南大学。也就是说，该校先有"国立东南大学"，后有"国立中央大学"之称。

图 3.23 原"国立中央大学"图书馆（徐振欧 摄）

原"国立中央大学"生物馆建于1929年，由曾任职南京市工务局工程师的李宗侃（还设计过紫金山天文台）设计，上海金祥记营造厂承建。1957年，杨廷宝主持了建筑的扩建工程，加建了两翼绘图教室，继续发挥建筑的使用功能。生物馆坐北朝南，立面造型与图书馆相似，入口处均使用了四根高大挺拔的希腊爱奥尼柱和三角形山墙；不同的是，生物馆的建筑高出图书馆一层，建筑门廊上的墙面上特意装饰了史前恐龙的图案，以代表这座建筑的用途范围。现为东南大学中大院（图3.24）。

图 3.24 原"国立中央大学"生物馆（徐振欧 摄）

原"国立中央大学"大礼堂，现为东南大学大礼堂，是东南大学四牌楼校区的标志性建筑之一，建于 1930 年，由英资建筑与工程事务所——公和洋行设计（1983 年设计过金陵饭店），新金记（康号）营造厂承包建造。属于欧洲文艺复兴时期古典式建筑风格。正门门厅上部立有四根高大、粗壮的爱奥尼柱，顶部为钢结构穹顶。大礼堂采用西方古典主义柱式立面和文艺复兴风格的青铜大穹隆顶，这在众多的校园建筑中独具特色、西风甚浓（图 3.25）。

图 3.25 原"国立中央大学"大礼堂（徐振欧 摄）

　　原"国立中央大学"南大门，始建于1933年，由杨廷宝设计，属于西方古典主义风格，让人过目难忘。门楼由三开间的四组方柱和梁枋组成，外形采用简化的西方古典建筑式样，简洁大方，可识别性、时尚感都很突出。它与大礼堂、图书馆等建筑的风格一致，使得校园建筑风格统一、整洁有序。现为东南大学四牌楼校区正门，是东南大学的形象名片之一（图3.26）。

图3.26 原"国立中央大学"南大门（徐振欧 摄）

　　原中国银行南京分行下关办事处大楼，现在这里是长江水利委员会水文局、长江下游水文水资源勘测局所在地。该建筑建于 1918—1923 年，高三层，钢筋混凝土结构，平面为"凸"字形，历经近一个世纪的风雨，依然气势盎然，坚固如初。该大楼建筑外部有六根粗壮的石柱，岿然耸立，屋顶为简化中式歇山屋顶，西立面中部有混凝土仿制的中式古典阑额与雀替，窗套则是简化的垂花样式，顶部石台的花纹简约精美。整个建筑简洁大方，装饰精美。至今，该建筑仍在使用（图 3.27）。

图 3.27 原中国银行南京分行下关办事处大楼（作者 摄）

交通银行南京分行旧址大楼，位于中山东路 1 号，如果不说是近百年前的建筑，很多人以为它是新建筑。这幢建筑建于 1932 年，由上海缪凯伯工程司设计，上海新亨营造厂承建。建造精细、坚固美观、高大雄壮。建筑的大门口有四根高达九米的爱奥尼巨柱直抵屋檐下，大楼外部东西两侧各配有六根式样相同的檐柱。该建筑坐北朝南，高大粗壮的柱式、灰白色的外墙立面，给人以雄浑有力、庄重之感（图 3.28、图 3.29）。

图 3.28 交通银行南京分行旧址大楼正面柱子（作者 摄）

图 3.29 交通银行南京分行旧址大楼侧面柱子（作者 摄）

以上建筑，多数使用了钢筋混凝土等材料，采用西方古典柱式代替中式传统的木柱，外形坚实雄伟、华贵典雅，是西方古典建筑的典型实例，丰富了南京的城市文化，也积累了多元的建筑特质。

3.4.4 对西方建筑风格演变的分析

经过漫长的文化发展与历史演进，西方建筑形式与风格大概经历了以下风格形式的转变，见表 3-1。

表 3-1 西方建筑的发展时间、形式

出现时间	建筑形式与风格	典型建筑
公元前 1200 年—公元前 7 世纪	古希腊风格	希腊雅典卫城总平面、帕特农神庙、海菲斯塔斯神殿
1—3 世纪	古罗马风格	意大利马采鲁斯剧场、罗马斗兽场、万神庙
4—6 世纪	拜占庭式风格	土耳其圣索菲亚大教堂、意大利圣马可教堂、俄罗斯瓦西里大教堂
6—12 世纪	罗曼式风格（罗马风建筑、罗曼建筑、似罗马建筑）	德国沃尔姆斯大教堂；法国昂古莱姆主教座堂、施派尔主教座堂
12—16 世纪	哥特式风格	英国的威斯敏斯特教堂、法国的巴黎圣母院、德国科隆大教堂、意大利的米兰大教堂、法国的圣丹尼斯大教堂、法国亚眠大教堂；英国的圣保罗大教堂则是古典主义哥特式建筑的代表
14 世纪	文艺复兴风格	意大利圣母百花圣殿、梵蒂冈圣彼得教堂、法国万神庙
17—18 世纪	巴洛克风格	法国拉斐特城堡、凡尔赛宫，意大利圣卡罗教堂，西班牙的圣地亚哥大教堂；第一座巴洛克建筑——罗马耶稣会教堂

续表

18世纪20年代	洛可可风格	德国波茨坦无愁宫，法国巴黎苏俾士府邸公主沙龙、凡尔赛宫的王后居室
18世纪中叶	新古典主义风格	立陶宛维尔纽斯主教座堂、苏格兰皇家学院、西班牙马德里的普拉多博物馆
19世纪上半叶—20世纪初	折中主义风格	法国巴黎歌剧院、巴黎圣心教堂，意大利的伊曼纽尔二世纪念建筑

从西方建筑的发展历史来看，多种风格、形式的演变体现了西方文明的进程和社会的进步。

根据相关历史文献可知，在我国两千多年的华夏历史进程中，木材、砖瓦是建筑的主要材料，各个朝代的变化不大。而西方不同，西方建筑跟随社会发展、技术进步，其结构和材料也产生了很大的变化。由于很早发现并在建筑中运用了水泥、玻璃、金属等材料，使得西方建筑比东方建筑更加高大、坚固。西方建筑艺术在民国时期传入我国，并与我国传统建筑艺术相融合，这是中国近代建筑的巨大进步。

3.5 西方折中主义风格的体现

3.5.1 折中主义与折中主义建筑

1. 折中主义

在汉语语境中，折中是一种中庸思想的体现，是将两个矛盾突出的个体进行取舍，拿出可以互容、可以退让的要素进行组合，形成一种新的、双方都可以接受和最大化理解、认可的局面。

在世界上最有影响力的大型英文百科全书之一——《大美百科全书》中，对折中主义的解释是指在哲学与艺术中，从不同的体系中选取各种学理，以创造新方法或新风格。在哲学上，如果一个哲学体系由不同的学说组成，在逻辑上是不兼容的，或者在其他方面是相对抗的则被称为折中，而在艺术上被应用于一个吸收多种美学风格的派别或趋向的创作，这些创作如果在传统意义上不是和谐与美丽的，那至少也是新颖的 [1]。折中主义与孔子的中庸之道思想是有一定区别的。

折中主义（Eclecticism）[2] 原是一种哲学术语，希腊文意为选择的，有选择能力的。后来学术界用这一术语来表示那些既认同某一学派的学说又接受其他学派某些观点的哲学家及其观点。再后来，折中主义的释义泛化到了艺术、美术、建筑等各个领域，提供了很好的理论支撑作用。

1. 李丽田. 西方折中主义建筑风格的历史价值 [J]. 湖南城市学院学报（自然科学版），2010,19（1）：33-36.

2. 折中主义一词最早是由法国哲学家维多·古森（Victor Cousin）在 1830 年提出来的，原指由许多其他体系选取出来从而建构的新体系。折中主义并不赞同盲目地从过去的哲学体系中直接抓取以为今用，而是希望通过理性的思考并探寻出能否依存于今的适当性。

2. 折中主义建筑

让英国走向世界的工业革命，为人类文明进程创造了巨大生产力，使全球各个国家、社会的面貌发生了翻天覆地的变化，先完成工业革命的西方资本主义国家迅速强大起来，世界形成了西方先进、东方落后的局面。东西方国家发展的不平衡，导致了文化冲突、贸易战争，在国家与国家之间的对抗中，特别需要一种缓和又促进的矛盾关系，这就需要一种社会价值观来中和、平衡彼此之间的冲突、矛盾，折中主义便出现了。无论是政治、军事，还是艺术、文化上，都必须体现这种折中主义，才能消减矛盾与冲突，才能更好地进行文化形态、思想意识等精神层面的交流。可见，国际局势、国家之间的贸易、政体之间的较量等，给折中主义建筑的产生带来可能。

在建筑文化领域，这种折中主义就是中西方的相互借鉴、取舍和弥补、创新，经过科学的、理性的、合理的混搭、融合，创新、创造出以前没有的建筑形式或者风格。

在世界建筑的交流与发展演变中，人类社会的进步，促进了希腊、罗马、拜占庭、中世纪、文艺复兴和东方情调的建筑之间的交流。近代世界贸易活动日益频繁，各类不同的建筑便被人们接纳并在各自的城市中纷然呈现。在此背景下，多宗教、多文化、多价值取向的碰撞、融合与相互取舍、吸收，使得折中主义在建筑艺术上找到了先机，获得了新生。因此，折中主义在艺术实践领域最早出现在建筑之中。

折中主义建筑兴盛于 19 世纪上半叶至 20 世纪初，是当时欧洲流行的一种建筑风格。尤其是在 19 世纪中叶，以法国最为盛行、流行，当时，巴黎高等艺术学院是传播折中主义艺术和建筑的中心。在法国，折中主义建筑的代表作是巴黎歌剧院。其将古希腊罗马式柱廊、巴洛克等几种建筑形式完美地结合在一起，规模宏大、精美细致、金碧辉煌，被誉为一座绘画、大理石和金饰交相辉映的剧院，给人以极具冲击力的视觉享受。它是拿破仑三世（1808—1873）期间典型的建筑之一，对欧洲各国建筑有很大影响，是将绘画、雕刻、建筑、文学等纳入艺术范畴来思考和表现的。

巴黎歌剧院，设计、建造于 1861—1875 年，由查尔斯·加尼叶设计，拥有 2200 个座位。巴黎歌剧院的立面构图采用了卢浮宫东廊的样式，而在装饰上却使用了巴洛克式，显得华丽而繁复。卢浮宫东廊是法国文艺复兴时期的作品，其样式与巴洛克时期有着明显的区别。 如今，世界各地的人们来到巴黎，巴黎歌剧院是必去的一个著名建筑场所。

3.5.2 民国时期南京的折中主义风格建筑

民国时期南京的建筑风格是多样的、全面的，既有纯西式的建筑，也有我国传统风格特色的建筑，还有中西合璧的建筑，从而形成南京今天这样一个城市的底色和特色，具有强烈的折中和包容的胸怀，是一个积极吸收外来文化、古今都很活跃的城市。

石鼓路天主教堂，始建于 1870 年，是一座几经兴废的教堂，也是一座见证西方宗教与中国传统激烈碰撞并走向和谐共存的教堂。该教堂采用的是法国罗曼式教堂形制，外观及内部结构上模仿罗马式，无梁、十字形、拱顶、砖木结构、铁皮盖并有钟楼。外国传教士在南京的传教历史是比较长的，也推动了本地相关文化的发展。在当时，因技术和材料的限制，该教堂的屋顶结构仍然采用我国传统的木屋架修造。在北伐战争中教堂严重受损，并一度被改为马厩，现在的建筑是 1928 年重新修建之后的。教堂历经多次的修复、重建，体现出了中西相互融合的折中主义建筑形态（图 3.30、图 3.31）。

汇文书院钟楼，始建于 1888 年，位于今南京市金陵中学校园内，是美国基督教会在南京建造的学校建筑中现存的最早实例。由福开森亲自设计督造，陈明记营造厂建造，采用的是美国殖民时期建筑风格，即美国殖民风格或西方乡村房屋特色。这座楼的外观是西式建筑风格，材料却使

图 3.30 石鼓路天主教堂外部 （徐振欧 摄）

图 3.31 石鼓路天主教堂内部 （徐振欧 摄）

用了中国传统古建筑中常见的青砖，局部用橙色的砖做装饰（图3.32、图3.33）。

总统府内的原孙中山临时大总统办公楼，初为两江总督所建的"西花厅"，始建于1908年，是一座西式建筑。建筑仿制法国文艺复兴时代的样式，鲜明的黄白相间的墙面、拱形门廊、落地窗等。建筑风格体现了西方建筑的布局、造

图3.32 汇文书院钟楼正立面（徐振欧 摄）

图 3.33 汇文书院钟楼局部（徐振欧 摄）

型、色彩，同时也结合了传统建筑的材料、墙体形式等（图 3.34）。

扬子饭店，建于 1912—1914 年，现为颐和扬子饭店。整幢建筑为法式风格，建造大约使用了十万块明代古城墙砖。建筑坐北朝南，木楼梯、木地板、木屋架，铁皮屋顶，屋面较陡，有斜面屋顶、方底台式屋顶以及老虎窗。内部豪华奢侈，外观宏伟朴实。建筑摒弃了费工耗料的中式大屋顶，采

图 3.34 原孙中山临时大总统办公楼（作者 摄）

用西洋建筑的构图方式，运用红色系的法式孟莎式屋顶，又在局部点缀中国式的构件和装饰，采光和通风也做得较为理想（图 3.35、图 3.36）。

图 3.35 扬子饭店建筑（作者 摄）

图 3.36 扬子饭店建筑局部（作者 摄）

中英庚款董事会旧址，建于1934—1937年，现为南京市鼓楼区人民政府所在地。这栋楼由杨廷宝设计，为两层中廊式建筑，屋顶为庑殿四坡顶，上铺褐色琉璃瓦，外墙贴金棕色面砖，枣红色钢制民国式窗户。大楼入口简洁朴实，装饰有雕刻的中式花纹，处处可见中西融合的表现手法（图3.37、图3.38）。

3.5.3 对折中主义建筑风格的简析

折中主义建筑风格能够将各方建筑风格的精华元素，拿过来进行重组设计，尽量展现出多种建筑风格自身的魅力。建筑师、设计师将各种建筑艺术汇集在一起，然后直观地将它们组合成大胆且优雅的构图，是一种积极的创新，弥补了古典主义与浪漫主义在建筑创作中的局限性。这种融会贯通的手法，创造了丰富而多彩的建筑形式。

通常，折中主义风格的建筑，不讲究固定的法式，只讲求比例，注重纯形式的美，是对文化冲突的一种接纳方式。折中主义扮演着文艺复兴之后不同历史时期过渡的缓冲角色，其历史价值有着辩证法的深刻意义。

南京的民国建筑，除了吸纳西式建筑、传统中式建筑的艺术特征之外，还兼容我国南北方的文化特性。比如，对北方建筑的粗犷浑厚、南方建筑的灵巧细腻也都有融合与体现，这就是民国时期建筑师、设计师们做出的折中主义风格的尝试。南京的民国建筑充分体现了中西方古典建筑的相互交融，是超越时代的审美选择，这是建筑师对折中主义建筑风格应用成熟的表现，也是特殊时代背景下，国人的选择和潮流所向。

折中主义建筑风格设计，是对中外建筑的各种元素进行再组合、再创作，根据实际的工程要求与设计需要，有目的性地借鉴取舍、拆解和组装，不是简单地拼凑、混搭，而是建筑学、设计学、美学、材料学、心理学等知识的综合体现。发挥建筑师的想象力、创造力，才能做出和谐、平衡、优美的折中主义建筑。

图 3.37 原中英庚款董事会建筑（徐振欧 摄）

图 3.38 原中英庚款董事会建筑入口装饰（徐振欧 摄）

　　发展至今，折中主义在建筑艺术中十分常见、颇为流行，是因为建筑艺术是一门综合了多种媒介的空间艺术，绘画和雕塑都可以成为它的有机组成部分，这为折中主义风格的发展创造了有利条件；而且，每个不同历史时期的发展，会产生新的与旧的文化之间的矛盾，也需要折中主义来处理这种交织、复杂的情况。

3.6 西方现代派风格以及应用

3.6.1 西方现代派建筑的产生

第一次世界大战是欧洲历史上破坏性最强的战争之一，给人类带来了深重的灾难，但在客观上促进了科学技术的发展。由于欧洲政治、经济和社会思想状况的变化，尤其是科学技术与文化艺术的快速进步、成熟，促进了世界文明向更高的等级发展，这时西方现代派建筑应运而生，这也是战后大规模开始家园重建、思想重构的关键缘起。

西方现代派，是西方国家文学、美术等艺术领域中某些流派，如立体派、未来派、朦胧派、极简派、超现实主义、抽象主义、波普艺术等的统称。中外专家大都认为 1890 年是现代主义的真正开始，这时，我国正处于清朝末年，政局不稳，内忧外患，处于落后被动挨打、救亡图存的艰难时刻，因而，建筑技法、材料、商贸、运输等生产要素市场、消费市场都很糟糕，严重影响和制约了东方文明古国的发展脚步。同时期正是西方列强在世界范围内争夺殖民地日趋激烈的时候，最后愈演愈烈导致了"一战"的爆发。西方现代派的出现与战争的被动促进是有一定的直接关系的，与西方殖民主义也有关系。

1912 年 1 月中华民国的建立，不仅代表一个新社会、新时代的到来，也给中华民族全社会各阶层、各技术领域等带来了新的思潮、新的变化，历史在这里将走向另一个辉煌。

封建帝制被推翻、西方殖民主义的侵扰，促使了西风东渐、以夷制夷之风盛兴，西方强国的科技优势和现代实力在国人面前展现，唤醒了千百万中国人，尤其是各种新式武器（如飞机、战舰、毒气、坦克、远程大炮等）相继投入战争，让国人对过去封建社会发展模式进行反思，也逐渐开始积极吸收西方的先进技术和思想，这也是西方现代派在当时中国产生影响、快速传播的重要根源。

随着中西方文化的碰撞、交融和相互渗透，新的建筑形态、新的营造理念和技法涌入，传统的建筑风格开始产生变化。

3.6.2 民国时期南京的西方现代派风格建筑

20 世纪 30 年代，西方现代主义建筑思潮传入我国，留洋归国和国内培养的建筑师群体紧跟时代脉搏，在上海、南京、天津、广州、厦门等地设计建造了一批西方现代派风格的建筑。这些建筑很多都是以高楼、大楼的形式出现，让民国初期的社会大众耳目一新、眼前一亮。抗战胜利后，这一风格成为新兴建筑中最常采用的风格，直到今天现代风格的建筑依旧大行其道。

原首都饭店，建于 1932—1933 年，现为华江饭店。2018 年 11 月入选第三批中国 20 世纪建筑遗产。该建筑为钢筋混凝土结构，平面呈 "7" 字形，布局较灵活。大楼的立面主要以窗和墙体色彩形成横向视觉感受，构思新颖，简洁明快，追求平衡与协调。建筑前面有椭圆形广场，中部设花坛，周围用名贵树木装点（图 3.39）。

原国民政府最高法院旧址，建于 1932—1933 年，位于中山北路 101 号，这里的建筑有着浓郁的西方现代派风格，三层建筑及大院由留美建筑师过养默（1895—1975）设计。据说这座建筑的造型不论正视还是俯视均呈 "山" 字形，寓意执法如山、坚定有力，连门上勾勒的装饰线条，也都像座

图 3.39 原首都饭店（徐振欧 摄）

小山。主楼前的水池及水池正中的圆柱莲花碗，应是有公正、公平之意（图 3.40）。

　　原中央地质调查所旧址，位于南京市玄武区珠江路，该建筑始建于 1935 年，由建筑师童寯设计。楼高三层，钢筋混凝土结构，德式建筑风格，采用对称式构图，红砖饰面，并呈现有规律的图案。这可能是国内早期红砖艺术建筑的先行者。高高的台阶，水磨石铺地的大厅，高敞坚固的钢窗，宽阔明亮的展室，使得建筑至今看起来仍不落俗套、别致有序（图 3.41）。

　　原国际联欢社，现为南京饭店。1935—1936 年初建，1946—1947 年扩建。民国时期的国际联欢社是国民政府外交部开设的活动场所，是以联络国际人士情感为目的的组织。初建时由留美建筑师梁衍设计，抗战结束后由杨廷宝设计，进行了扩建，扩建前后建筑风格、体量明显不同。大楼的造型设计采用西方现代派手法，入口设计成半圆形雨棚，中间突出部分框架柱与弧形钢窗有机结合，立面效果富于变化，

图 3.40 原国民政府最高法院大楼（作者 摄）

图 3.41 原中央地质调查所旧址（作者 摄）

造型体现了设计师极高的审美视（图 3.42）。

原美国军事顾问团公寓，由童寯、赵深、陈植等设计，建于 1935—1945 年。现为两幢四层钢筋混凝土结构的大楼，主体楼有 A、B 两幢，呈"一"字形东西排列。平顶屋面，造型新颖，色泽明快，是南京近代建筑史上最具代表性的现

图 3.42 原国际联欢社（徐振欧 摄）

代派建筑之一，见证了国民政府政治、军事外交的历史（图 3.43、图 3.44）。

3.6.3 对现代派建筑风格的简析

中华人民共和国成立之后，西方现代派这一风格成为新兴建筑中最常采用的建筑风格，也一直影响着现代建筑的发展，直到今天，人们还在西方现代派的建筑方向上不断实践探索、不断创新应用。

图 3.43 原美国军事顾问团公寓 A 楼（作者 摄）

图 3.44 原美国军事顾问团公寓 B 楼（作者 摄）

现代派建筑注重材料本身的质感、结构创造出的形体感和空间意识表现的技术；重视建筑的居住功能，注重新型建筑材料的应用，突出建筑设计的经济原则，并在建筑形式的艺术表现上，侧重建筑造型的面和体的表现。

现代派建筑中强调的科技特征，对建筑学的发展实现了新的突破，这一点在南京民国建筑中也有很好的体现。在建筑与艺术之间，通过科技融入找到了最佳的平衡点，从而使建筑形式既有现代主义的体现，又有建筑艺术的留存。

04

第四章

民族·元素

民族元素是民族文化和艺术发展不断前进的根本，我国建筑有着独特的民族特性与华夏文化符号，所以依附建筑的装饰、构件、材料也必然要呈现这种传统特点。若是没有独特的木结构建造技术、榫卯木作技法，就不会有木柱、梁枋、瓦当等的艺术生产文明，也不会出现金柱、檐柱、梭柱、月梁、牛腿、雀替、斗拱、鸱吻、仙人走兽等构件的艺术形象，以及各种不同的装饰图案。任何一种艺术形式都脱离不了它所存在的那个时代的烙印，这也是民族文化最好的体现方式。

从传统建筑形态上看，我国的建筑大体可分为城墙、宫殿楼阁、礼制坛庙、园林、民居、陵墓、寺庙、道观、塔、牌坊、桥梁等几大类型。这些建筑形成了中华民族的独特形态和风格，很多的民族元素都得到了继承、传承和创新发展。

4.1 传统建筑元素刍议

　　传统是一个民族或地区，在生产、生活诸多方面，对事物的理性认识和感性认识等的共同认同或集体共识，属于文化范畴。类比西方古典特色，中式传统自有一套复杂、丰富、完善的建筑元素体系。不难看出，建筑上很多的艺术元素，与传统文化中的符号之间有着紧密的联系，是我国传统文化集中、广泛的诠释。

　　我国传统建筑，人人爱之，无论是宫殿、坛庙、寺观、佛塔，还是地方民居、园林建筑，都具有独特的艺术魅力。其中，宫殿与园林建筑的成就最为突出，是古代先民的集体智慧和精神创造。

　　传统建筑的立面主要包括了台阶、屋顶、门廊、墙、柱、窗棂、装饰、绘画等诸多元素，都有复杂的形制、体例。传统建筑建造，必有基础云台、大屋顶、上翘的屋檐等，这是传统建筑最大的特征之一；外部和内部雕梁画栋，也是木作传统建筑的必选符号。传统建筑元素是丰富多彩的，是历经封建社会两千多年的积累、沉淀，是民族智慧、民俗文化的集大成，这些元素在漫长的建筑发展历史中，给人们的精神意识、造物技法、思想观念、王权统治、人与自然的和谐等带来深刻、持久的影响。

　　我国的传统建筑是由"线"构成的，如柱、梁、额、桁、枋、椽、拱等，宏观上都可视作"线"。传统建筑元素，有的以构件、有的以材料、有的以图案、有的以花纹、有的以色彩等形式来诠释，体现民族、建筑、艺术等的个性、特征。我国传统建筑普遍具有可贵的本色美、人文之美，主要体现在为支托屋檐出挑而产生的斗拱，能承受转角屋顶巨大重量的角梁，为结构需要发展的屋角起翘，能满足透光要求的窗棂等。

传统的特点是具有民族色彩和地方色彩，以及持久的生命力，且固定了下来，被更多的人传播和传承。我国的传统建筑元素，正是在悠久的历史选择中各民族集体文化最精彩、最直观的体现和表现。多民族的融合，社会制度的传承、演变和建筑工匠集体的智慧，最终形成了华夏大地上丰富多彩的民族建筑艺术精品。

4.2 民族元素在民国建筑中的综合体现

我们知道，民国建筑虽然在材料、造型、结构和线条上有了对西方建筑文化的结合与表达，但是，其由国人设计、国人施工营造，难免会运用到传统的民族元素。南京的民国建筑对传统民族元素的运用是比较巧妙、恰切的。

以下阐述几种我国传统建筑的元素在南京民国建筑上的体现。

4.2.1 坡面屋顶是传统建筑的代名词

坡面屋顶又叫斜屋顶，有单斜坡、双斜坡、四坡式、折腰式等，经过千百年的演进与改变，常见的坡屋顶形式主要有硬山顶、悬山顶、歇山顶、庑殿顶、攒尖顶、卷棚顶等。选择哪一种形式和坡度，主要取决于建筑平面、结构形式、屋面材料、气候环境、风俗习惯和建筑使用功能等因素。此外，也可根据需要设计为重檐、三檐的形式。建筑上坡面屋顶造型的出现，是古人集体智慧的选择。无论是早期的西方建筑，还是早期的中式建筑，跨越政治功能、艺术功能，坡面屋顶是在人与自然的和谐共处中天然的选择。我国传统建筑崇尚"天人合一"，在漫长的建筑历史发展中，自然地保留了坡面屋顶的造型，外部挡雨、内部通风，使得传统建筑顺应四季气候的变化。而且，古人的智慧发展与创新积累，进一步创造出了形式多样的坡面屋顶造型与装饰艺术。

在民国建筑风格中，将传统建筑中的坡屋顶、大屋檐的形式进行了保留、传承，不仅仅是因为造型优美，而且其还有隔热通风、节能、不积水、防水性能好等优点。

紫金山内的流徽榭（又名水榭亭），于1932年修建，顾文钰设计，为钢筋混凝土结构，卷棚式屋顶，覆以乳白色的琉璃瓦；绿色立柱，青石铺设地面。流徽榭三面临水，一面傍陆，以石阶与陆地相连。榭中建有水泥座栏，四周建有一米高的栏杆，游人可坐下来休憩，也可凭栏眺望湖光山色。这里自然风光与建筑和谐相生，令人神往。

4.2.2 飞檐之空间表演

飞檐翘角是我国民族建筑风格的重要表现之一。飞檐是指屋檐翼角向上翘起，如飞举之势，我国第一部诗歌总集《诗经》中有云"如鸟斯革，如翚斯飞"，大概就是对这种形态美的刻画、称颂与赞美。

飞檐，通过在檐部进行特殊处理，增添了建筑物向上的动感，仿佛有一种气韵将屋檐向上托举。建筑群中层层叠叠的飞檐，形如飞鸟展翅，轻盈活泼，不但扩大了采光面、有利于排泄雨水，更是营造出壮观的气势，展现古建筑特有的韵味。飞檐营造的空间是视觉上的，不能与梁柱的空间相比，因而飞檐的空间在室外，主要是建筑与天空的空间互动。

飞檐造型是建筑从实物向心理幻想的延伸。建筑空间由内向外、向高处延展，让地上的建筑与天空达成一种新的结构，给人与天之间的距离做了指向性的引领，传统建筑的天人合一、和谐自然、浑然天成也就有了来处和去处。晴朗的天气里，日光照射下的建筑有了长长的、弯曲的线条投影在地面上；阴雨天，雨水浇灌下的建筑就有了细细的、点滴的雨帘降落在屋檐下。太阳、雨水通过建筑，给人们呈现了静态光影和动态线条的美。

飞檐常用在亭、台、楼、阁、宫殿、庙宇的屋顶转角处。飞檐具有美学、建筑学、结构学等多种学科的思想体现与表达。

方胜亭，位于南京总统府内。采用双方亭合建，双顶压角重叠，有相伴相依之态，又叫"鸳鸯亭"。从空中垂直俯瞰方胜亭，双顶相扣，两个菱形相交叠，造型别致，更具独特的建筑艺术韵味。古代称这种双菱形叫"方胜同心"[1]。此类造型的亭台在江南园林建筑中极为少见（图 4.1）。

4.2.3 青砖灰瓦的城市主义

青砖灰瓦，不仅是建筑材料，更是智慧的劳动人民对建筑文化艺术的创造。古时候，先民用黏土创造了一个又一个古建盛景。错落有致的房屋，灰瓦上的抹抹青苔，见证着历史的积淀、时间的洗礼和建筑文化的兴盛、沧桑变迁。如今，

图 4.1 总统府内方胜亭（作者 摄）

1. 方胜，方形的彩胜，是古代妇女戴在头上的一种饰物。两个菱形同心相叠，表示夫妻同心。

南京 1912 街区中的建筑都是民国建筑风格，整个街区拥有极其浓郁的民国"风味"，青砖灰瓦在这里展现得淋漓尽致。

可能除了蒙古包、藏族碉楼、南疆民居之外，其他传统民族建筑，无论是四合院、徽派建筑、苏派建筑，还是地坑院、窑洞、吊脚楼，或多或少都可以见到砖瓦、瓦当、砖雕。在我国传统文化中，似乎已经将粉墙、黛瓦定义为民居的典型代表。从字面来看，粉墙、黛瓦，是指雪白的墙壁、青黑的瓦，用来描写房屋，也是对徽派民居、江南水乡民居的集中体现。

南京民国建筑中，有很多江南民居的建筑，轻巧简洁、色彩淡雅，空间轮廓柔和而富有美感。无论红砖碧瓦，还是青砖灰瓦，都能感受到中式传统建筑设计中的典雅、古朴、宁静、厚重。

南京梅园新村，位于长江路东段，梅园新村 30 号、35 号和 17 号，是中国共产党代表团的办公旧址。梅园新村的建筑平实低调，更像是居民区，但可不要因此看轻了这里，1946 年 5 月—1947 年 3 月，以周恩来同志为核心的中国共产党代表团在这里同国民党政府进行了不到一年的重要谈判。梅园新村街道两侧的其他民居、民房，也都使用了灰瓦、青砖，多座采用民国特有的设计风格而建的小洋楼，属于近现代历史遗迹、民国城市院落及革命纪念建筑物，建筑多被保存良好（图 4.2、图 4.3）。

原海军医院，建于 1930 年，主要由两栋民国建筑组成，一栋是当时的门诊部，另外一栋是住院部，现为鼓楼区的不可移动文物。住院部为一排狭长的青砖房，往里走是一个"凹"字形的建筑，即当年的门诊部。住院部门前原来还有操场、花园等附属设施。住院部建筑将青砖灰瓦与希腊柱式结合起来，增加了建筑的雄壮之气（图 4.4）。

4.2.4 朱红色大门的庄重之感

传统建筑的门户丰富万千、靓丽多姿，有的大气、雄壮华贵、威严，有的精致、巧妙、简洁质朴。但是，在传统建

图 4.2 南京梅园新村 30 号建筑（作者 摄）

图 4.3 南京梅园新村 17 号建筑（徐振欧 摄）

图 4.4 原海军医院建筑外墙装饰（作者 摄）

筑元素中，朱红色大门极具代表性，朱红色也是官派建筑的
代表色，流行甚广。

朱红色是一种不透明的朱砂制成的颜色。朱砂（辰砂）
出自中国，所以又称中国红，介乎红色和橙色之间。翻阅历
史资料发现，周朝喜红色，红色又代表喜庆，中华民族是一
个崇尚礼仪的国家，大部分礼仪都沿用的周礼。因而，几千
年来，宫殿的墙体、柱子、大门等使用朱红色，成为一种民
族文化的专有符号和建筑文化现象。国内很多宫殿装修使用
的主色调是金黄色和朱红色，朱红色表示高贵与权威，朱红
色的大门显示了庄重、威严。

民国时期南京使用朱红色大门的建筑有不少，如原中央
博物院大殿的朱红色木门、原国民政府考试院东大门等。在
原中央博物院大殿主体大厅的一排朱红色木门上，可以看到
精美的浮雕图案，配合这种朱红色看起来格外大气、恢弘
（图 4.5）。

图 4.5 原中央博物院大殿的朱红色木门（作者 摄）

4.2.5 镂空花窗的"若隐若现"

在大门或围墙上镂空雕刻花窗，能解除高墙围合的压抑感，窗上的吉祥图案、装饰符号、雕刻元素都含蓄地表达了人们祈求吉祥、福禄、健康长寿的信仰意念和精神需求。镂空花窗的作用，一方面是透光、透气；另一方面可表现建筑空间的层次，拉近了建筑与人、天与人的心理距离。传统民族建筑中的镂空花窗，以木质材料为主，其上做镂空雕刻纹样与漆作、裱糊等工艺相结合，多采用花卉、动物等有美好寓意的图案，起到采光、通风和装饰等作用。民国时期，出现了铁艺与玻璃结合的镂空花窗。

在南京的民国建筑中，少不了对镂空花窗的应用，由于民国时期对西式材料的追捧，很多镂空花窗的造型是中式的，但材料用的是铁、铜等。譬如，中山陵陵门的镂空铁艺（图 4.6）、中英庚款董事会旧址建筑的铜窗等。

4.2.6 影壁的弯曲创意

影壁，又称照壁，是古代传统建筑特有的单元。传统建筑中的影壁，在院落中起到引、藏、围、通等作用。其空间位置、结构形制、雕刻工艺、装饰风格等方面形成了规整大气、朴质素雅、饱满浑厚和自然生动的艺术风格，在传统建筑环境中是点睛之笔。影壁，通常由壁顶、壁身、壁座三部分组成，材质多样，影壁墙上一般都以寓意吉祥的浮雕图案为装饰。

影壁形制通常有三种：第一种，呈"一"字形，称为一字影壁；第二种，独立于山墙或隔墙之外的，称为独立影壁；第三种，于山墙之上做出影壁形状，称为座山影壁。丰富的影壁形制体现了国人对建筑布局、活动空间的另一重认识。

目前，南京的民国建筑中，仅有少数影壁式建筑，如原国民政府海军总司令部旧址大门、中山陵音乐台等。

原国民政府海军总司令部旧址的大门坐北朝南，为砖

图 4.6 中山陵陵门的镂空铁艺（作者 摄）

混结构的牌楼形式，建于 19 世纪末。平面呈圆弧形，影壁上均匀分布着十根装饰门柱。该大门造型独特，引人注目（图 4.7）。

图 4.7 国民政府海军总司令部旧址大门（作者 摄）

中山陵广场南的音乐台，平面为半圆形，半圆形圆心处设置钢筋混凝土结构的舞台及影壁（图 4.8、图 4.9）。

立面弧形的大影壁是音乐台的主体建筑，坐南朝北，壁高 11.3 米，宽 16.7 米，仿我国传统五山屏风样式（也有三山屏风、独立屏风等），表面以水泥斩假石镶面，上部及两侧装饰有浮雕云纹图案。影壁既为舞台背景，又能起到反射声波的作用。音乐台建筑体现出了传统建筑的风水、装饰元素，也有现代园林、建筑布局、使用功能方面的创新。

音乐台的建筑风格为中西合璧，平面布局及立面造型吸收了西方建筑的特点，在影壁、舞台等建筑物的细部处理上，采用了江南古典园林的表现形式。如今这里还会举办各类森林音乐会，吸引市民前来观看（图 4.10、图 4.11）。

图 4.8 中山陵音乐台（作者 摄）

图 4.9 音乐台影壁侧面（作者 摄）

图 4.10 音乐台影壁正面（作者 摄）

图 4.11 音乐台影壁细部装饰（作者 摄）

4.3 屋顶、屋檐上的文化

我国传统建筑的屋顶，顶部突起，四角上翘，下有梁柱支撑，上有瓦片覆盖，经过漫长悠久的发展历程，形成了独特的"飞檐翘角"的屋顶形态，从而造就了端庄、大气而舒展的建筑风格。

国民政府时期，在建筑上大力推崇"中国固有之形式"，也就是说，在建筑文化中西结合的思潮面前，国人选择了保留中国传统建筑的屋顶造型。传统宫殿式建筑，屋顶之上越是有繁复、华丽的装饰，该建筑的规格、级别，使用者的身份、待遇也就越高。

4.3.1 传统坡屋顶形式多样

我国传统坡屋顶形式多样，有平顶、坡顶、圆拱顶、尖顶等。根据不同的礼制、构造规格等，坡顶一般又分为庑殿顶、歇山顶、攒尖顶、悬山顶、硬山顶等。这些屋顶形式的产生，都有着丰富的内涵。从不同的视角欣赏屋顶的美，人们能体会到木作、砖瓦之间渗透出的传统建筑艺术的魅力。丰富的屋顶造型，是传统建筑文化的艺术瑰宝（图 4.12）。

传统屋顶按照旧制等级划分：重檐庑殿顶 > 重檐歇山顶 > 庑殿顶 > 歇山顶 > 悬山顶 > 硬山顶。随着历史的演变，建筑艺术已经打破了中国封建等级制度下的这种建筑规范，在民国时期的中式传统建筑、中西结合的建筑上，根据

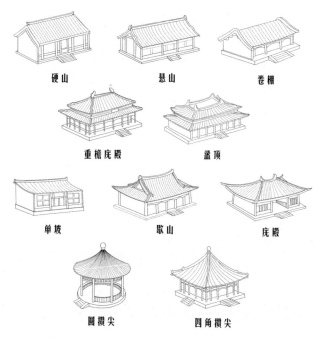

硬山　　　　　　　　悬山　　　　　　　　卷棚

重檐庑殿　　　　　　盝顶

单坡　　　　　　　　歇山　　　　　　　　庑殿

圆攒尖　　　　　　　四角攒尖

图 4.12 传统坡屋顶形式对比（作者 绘制）

场地条件和建筑功能的需要，各种屋顶的形式都得到了很好的应用。

1. 庑殿顶

庑殿顶，又称五脊殿。庑殿顶分单檐、重檐，也有三檐，但极不常见（图 4.13）。

原中央博物院，现今的南京博物院，其建筑风格充分展现了我国传统建筑的五个主要特点：榫卯结构、台基、梁柱、装饰性屋顶和斗拱。民国时期建造的中央博物院大殿，采用仿辽代"四阿"式屋顶造型，这也是建筑师对古建的再现（图 4.14）。

2. 歇山顶

歇山顶，又称九脊顶（图 4.15）。歇山顶还存在一种变形的形态——歇山顶式十字脊顶，如北京故宫的角楼、南京

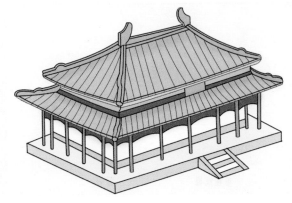

图 4.13 重檐庑殿顶示例（作者 绘制）

图 4.14 原中央博物院大殿的正面（作者 摄）

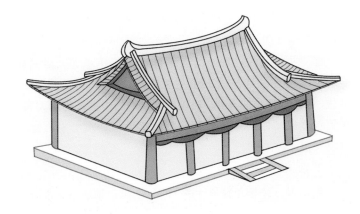

图 4.15 单檐歇山顶示例（作者 绘制）

的阅江楼、聊城的光岳楼及原金陵大学钟楼（今南京大学北大楼）、南京农业大学教学楼等。

　　南京的民国建筑中，使用歇山顶的还有中山陵藏经楼、陵门、祭堂，以及复建的仪凤门城楼等（图 4.16、图 4.17）。

图 4.16 复建的仪凤门城楼（作者 摄）

图 4.17 中山陵藏经楼（作者 摄）

藏经楼包括主楼、僧房和碑廊三大部分。建筑主楼是一座钢筋混凝土结构重檐歇山顶宫殿式建筑，此处的重檐歇山顶，屋檐上小下大，是传统重檐歇山顶的变形。屋顶覆以绿色琉璃瓦，屋脊及屋檐覆黄色琉璃瓦，正脊中央竖有紫铜鎏金法轮华盖，梁、柱、额、枋均饰以彩绘，整座建筑内外雕梁画栋，金碧辉煌，气势不凡。

3. 悬山顶

悬山顶，是古代民居常见的屋顶样式。悬山建筑不仅有前后檐，而且两端还有与前后檐尺寸相同的檐。于是，其两山部分便处于悬空状态（图4.18）。

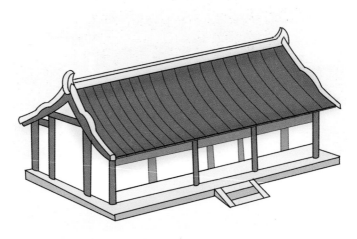

图 4.18 悬山顶示例（作者 绘制）

"金陵第一园"——瞻园，位于南京夫子庙附近，其大门的房屋建筑，就是采用悬山顶。人们可以看到，屋顶两侧突出于山墙（图4.19）。

4. 硬山顶

与悬山顶不同，硬山顶最大的特点就是其两侧山墙把檩头全部包封住，由于其屋檐不出山墙，故名硬山。相比较而

图 4.19 南京瞻园大门（作者 摄）

言，硬山顶有利于防风火，而悬山顶有利于防雨，故南方内陆的土木结构建筑多用悬山顶。在清代，随着硬山顶技术的成熟，山墙的造型开始多样化，称为封火墙。南方各地都出现了带有明显地方特征的山墙，如徽派建筑中的马头墙、福州地区的马鞍墙、岭南民居的镬耳墙、潮汕地区的五行山墙等。

5. 攒尖顶

攒尖顶，屋顶样式为锥形，没有正脊，顶部集中于一点，即宝顶，该顶常用于亭、榭、阁和塔等小型规格的建筑上。攒尖顶有单檐、重檐之分，形状有角式攒尖、圆形攒尖（图4.20、图 4.21）。北京故宫的中和殿是四角攒尖顶的代表性建筑，北京天坛使用了三重檐圆形攒尖顶形制，广州中山纪念堂使用的是八角攒尖顶，南京大钟亭为六角攒尖顶。

北京天坛祈年殿，为三重檐圆形攒尖顶，是目前国内最有特点的，也是较少见的古建筑屋顶形式（图 4.22）。但是，单檐圆形攒尖顶、单檐四角（六角、八角）攒尖顶在国内一些小型传统建筑中还是很多见的。

南京的大钟亭，为六角攒尖式亭子，高 14.5 米，亭以六根铁柱为支撑，上架六角交叉铁架，中国现存著名的巨钟之一悬挂其上。中华人民共和国成立后不久，大钟亭就被列为江苏省文物保护单位（图 4.23）。

图 4.20 圆攒尖示例（作者 绘制）

图 4.21 四角攒尖示例（作者 绘制）

图 4.22 北京天坛祈年殿（作者 绘制）

图 4.23 南京大钟亭（作者 摄）

6.卷棚顶

卷棚顶，即卷棚式屋顶，又称元宝顶。将硬山顶、悬山顶、歇山顶的正脊做成圆弧形曲线，就成为卷棚硬山、卷棚悬山、卷棚歇山，这类屋顶形式多用于北方民居及园林建筑上。南京紫金山下的流徽榭、中山陵陵门左右两边房屋等都是这种卷棚式屋顶（图 4.24、图 4.25）。

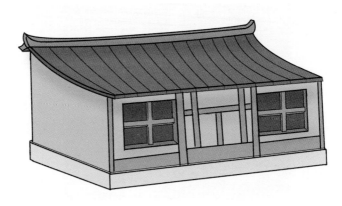

图 4.24 卷棚屋顶示例（作者 绘制）

图 4.25 中山陵附属建筑的卷棚顶（作者 摄）

宫殿式风格多用于公共建筑，如中英庚款董事会旧址建筑、中山陵、原孙科办公楼、钟山宾馆、原铁道部建筑群、藏经楼、原金陵大学建筑群、原"国立中央大学"建筑群、原国民党中央监察委员会主楼、原国民党中央党史史料陈列馆大楼、原中央博物院大殿等。也有少数居住类建筑采用，如美龄宫。

在南京的民国建筑中，应用传统建筑大屋顶主要是起装饰作用，造型做了一些变化。比如，中英庚款董事会旧址、中山陵等建筑上，将屋顶吻兽和脊饰几何化，即做简化处理，仅保留轮廓造型作为装饰，没有细节的体现；原金陵大学建筑群中，宫殿式屋顶的曲面弧度被缩小使用，屋顶趋于直面，接近于西式的屋顶，北大楼就是带有十字脊顶的西式钟楼(图4.26)；此外，原金陵女子大学100号楼上设置了欧式老虎窗（图4.27）。传统坡屋顶形式在这些建筑上被做了很多的修改、变形，并注重了变形后的协调性、平衡性，没有让设计变得过于另类，反而是创造了民国特有的一种屋顶形式。

4.3.2 屋顶脊兽的演说

屋顶上安装、陈设的屋脊兽，是传统建筑的规制，有着诸多的来源说法和精神作用，也是一种建筑艺术元素。按类别可分为跑兽、垂兽、"仙人"及鸱吻等。其中，正脊上安装放置吻兽或望兽，垂脊上安装放置垂兽，戗脊上安装放置戗兽，在屋脊边缘处安装放置仙人走兽。这样的设计与安排，代表了古人对天地人神的世界观，是一种皇权、人权的精神体现，具有特殊的人文符号性以及神秘的文化色彩。

传统建筑屋顶不是平面的，无法进行广泛意义上的装饰，但是，在正脊、垂脊、檐角等部位设置动物造型，并且通过摆放的屋脊兽的种类、数量、次序，建筑的等级被标识出来，利于体现王权等级，建筑成了象征地位的语言。

对建筑上神兽的使用，清代规定，走兽数量应为单数，按三、五、七、九、十一排列设置（如故宫的交泰殿上有七

图 4.26 原金陵大学北大楼的十字脊顶 + 西式钟楼造型（徐振欧 摄）

图 4.27 原金陵女子大学 100 号楼屋顶的天窗（徐振欧 摄）

个小兽；乾清宫的脊上有九个走兽），走兽的数量越多，建筑等级越高，体量也越大，与建筑主人的身份相关。神兽数量要符合礼制，不能僭越。一般建筑上是三个，两边加起来就是六个，因此，就有"五脊六兽"的叫法，这种叫法或有贬义代称，指代不作为、胡作为的官员阶层或者某楼群体、组织。

国内的古建筑上脊兽最全的是故宫的太和殿，因为太和殿的建筑等级最高，屋脊上的走兽为十个，从前到后依次是龙、凤、狮子、天马、海马、狻猊、狎鱼、獬豸、斗牛和行什。在十个走兽最前面，有一个人的形象，是骑凤仙人[1]；在骑凤仙人下面是套兽，十个小兽后面是垂兽或戗兽，也叫嘲风[2]（图 4.28）。十个走兽，每一个都有自己的名字和意义。这些仙人走兽，是中国古代人民基于对当时世界的理解，运用建筑风水学设计出来的。他们希望这样的设计能为房屋主人消灾解厄，寄托着人们对吉祥福禄、美好生活的向往与追求。

殿宇屋顶的仙人走兽，是一种装饰性建筑构件，具有强

1. 骑凤仙人也称仙官。据说这位仙人是齐湣王的化身，东周列国时的齐湣王，为燕将乐毅所败，仓皇出逃，四处碰壁，走投无路，危急之时一只凤凰飞到眼前，齐湣王骑上凤凰渡过大河，逃过大难。因此，仙官是一个仙人骑着凤的形象，寓意是屋宅主人能够逢凶化吉。

2. 嘲风，龙之第三子，古建筑上的脊兽，在一排仙人走兽的后面。长有两个大弯角，也叫角兽。传说中它的母亲是猃狸，嘲风平生好险又好望，龙王就把它封为镇宅兽，后被用作檐脊兽，有威慑妖魔、清除灾祸的寓意。

图 4.28 故宫太和殿屋顶垂脊上的仙人走兽（作者 绘制）

烈的民族色彩和故事性，如今当作建筑文化、艺术形态来看，
则更具有审美的意味。

4.3.3 屋顶瓦件的物语

砖瓦作为不可缺少的建筑材料，在我国的历史十分悠久。
很多瓦的构造精巧绝妙，造型和图案具有独特的传统韵味，以
及深厚的文化内涵、寓意。随着建筑文化的发展进步，房屋瓦
件的使用方式、瓦件的造型逐渐丰富多样。大屋顶上的瓦件分
成三类：屋面瓦件、屋脊瓦件和吻兽。具体来说，屋面瓦件，
有板瓦、筒瓦、勾头瓦、滴水瓦、帽钉；屋脊瓦件，有正、垂、
戗脊上的瓦件和装饰；吻兽，有正吻、垂兽、戗兽、仙人走兽、
套兽。瓦件的使用是建筑的规格等级、繁复要求、体量决定的，
瓦件也是皇权统治标识、封建管理文化、儒释道思想、天人合
一等人间规则、生存法则的语言代表。

不同朝代的瓦件也展示出不同的风貌与特征，常用到各
种材料，有青瓦、青砖、方砖、琉璃瓦，制瓦的技术与社会、
贸易、物质等的丰富程度有直接联系。

在传统建筑中，屋顶正脊两端的瓦件，叫鸱吻，又称正
吻。是明清时期建筑屋顶正脊两端的装饰构件，为龙头形，
龙口大张咬住正脊。鸱吻又名螭吻、鸱尾，是龙的第九子[1]。
传说此兽好吞，故在正脊两端作张嘴吞脊状，又称"吞脊兽"。
鸱吻不仅能加固房脊，还有避火灾之意。不同历史时期，鸱
吻的造型、形态都是有变化的，有的突出放大头部、有的突
出放大尾部。

在南京的民国建筑中，尤其是宫殿式建筑，鸱吻都是很
突出的，但是有的做了简化处理，比如，中英庚款董事会旧
址建筑、中山陵陵门和祭堂、原金陵女子大学等建筑中，将
屋顶吻兽和脊饰做了简化、变形。

原金陵女子大学建筑屋脊上的吻兽、垂兽和仙人小兽，
风格都比较卡通、另类，仔角梁端头的龙首套兽独具特色，

1. 龙的九子在《中
国吉祥图说》一书
中的排列是：长子
囚牛、次子睚眦、
三子嘲风、四子蒲
牢、五子狻猊、六
子霸屃、七子狴犴、
八子负屃、九子螭
吻。龙除了以上九
位子嗣，其他版本
中还有蚣蝮、椒图、
狴等神兽也是龙子，
而我们所熟知的麒
麟、饕餮和貔貅则
不是。

仔角梁端头做成麻叶云头，脊饰也与其风格相称，云雷纹的"仙人小兽"（图4.29、图4.30）。

图 4.29 原金陵女子大学建筑吻兽（作者 绘制）

图 4.30 原金陵女子大学建筑垂兽（作者 绘制）

原中央博物院的大殿屋顶上有四个垂脊兽、一个骑凤仙人（图4.31、图4.32）。

在传统建筑中，瓦片是屋顶的必备用材。在远观古建筑时，屋顶瓦件的造型、线条首先会映入人的眼帘，顺直美观，引人遐想。

国民革命军阵亡将士公墓建筑的勾头瓦是定制的，上面有国民政府青天白日图案，呼应主题。脊兽为仿官式屋脊兽，用整块琉璃瓦制作而成。通常，建筑屋面的滴水瓦、勾头瓦在烧制之前，会被绘上植物花卉、动物图案或吉祥纹样。国民革命军阵亡将士公墓建筑的滴水瓦也饰有折枝梅花、卷草纹等图案。滴水瓦、勾头瓦的图案搭配和谐，传达了别样的建筑屋顶物语（图4.33、图4.34）。

图 4.31 原中央博物院大殿顶上的垂脊兽（作者 摄）

图 4.32 原中央博物院大殿屋顶的鸱吻（作者 摄）

图 4.33 国民革命军阵亡将士公墓建筑上的勾头瓦（作者 摄）

图 4.34 国民革命军阵亡将士公墓建筑上的屋脊兽（作者 摄）

4.4 飞檐、斗拱的审美性

传统建筑艺术历史悠久，飞檐四角倾斜，或准备飞，或准备飘，这种动静之美让全世界惊叹。与西方的石制建筑不同，我国古代的木制建筑以飞檐、斗拱为"基本词汇"。飞檐、斗拱洋溢着浓郁的中国风，古朴典雅。虽然在南京的一些民国建筑上，飞檐、斗拱采用钢筋混凝土制作，但风韵依旧。

4.4.1 飞檐的艺术效果

飞檐是我国传统建筑的檐部形式，指屋檐特别是屋角的檐部向上翘起，有飞举之势、指天之相。

在古建筑中，飞檐形如飞鸟展翅，纤细、灵动，使建筑有一种灵动之感。让静止的建筑有了动态的神韵和魅力，体现出禅意和韵味。

民国时期建造的中央体育场建筑中的屋檐，飞椽和檐椽皆用方材，椽头饰"万"字和"寿"字。老角梁底面金边金老，仔角梁底面饰肚弦纹。此外，饕餮纹的脊饰，与宝顶风格一致。仔角梁端头做出了套兽，相对南京其他民国建筑的檐口造型更加细致（图 4.35、图 4.36）。

4.4.2 斗拱的结构作用

斗拱，又称枓栱，是我国木构架建筑结构的关键性部件，在横梁和立柱之间挑出以起到分散承重、扩大受力面积、拓

图 4.35 原中央体育场建筑的屋檐（作者 绘制）

图 4.36 原中央体育场建筑的檐角（作者 绘制）

展空间之用，它将屋檐的荷载传递到墙体、立柱，让建筑上部承重合理落地，是我国古典建筑的显著特征之一。

在柱梁交接处，从柱顶增加的弓形承重结构称为拱，拱之间的方木块称为斗，可见，斗拱是一个组合词汇。它是中国古代建筑的重要构件，不仅起承重作用，而且使屋檐得到很大程度的延伸，形式美观。因为斗拱的存在，我国古典建筑的屋顶可以走得很远很宽。古代建筑发展到明清时期，由于结构的简化，建筑师可以将梁直接放在柱子上，斗拱逐渐失去承重的功能作用，成为一种装饰性构件，其艺术表现功能则一直被传承和使用。

斗拱是由斗形木块和弓形横梁组成，十字交叉，层层挑出，形成一个带有大上部和小底座的支撑。无论是传统古建筑，还是民国时期的传统官式大屋顶的建筑，都使用了斗拱。后者使用斗拱以装饰性为主。

民国时期南京的城市建设过程中，传统建筑惯用的梁架木结构应用越来越少，而西式混凝土建筑中，由于水泥材料的加工性不强，传统的斗拱等结构部件只能作为装饰元素出现。比如，在原国民政府立法院旧址、中山陵建筑、原外交部大楼等很多民国建造的传统建筑中，都能看到改为几何样式的斗拱形式。再如，在原中央博物院大殿、原外交部大楼、美龄宫、原金陵大学礼拜堂等建筑中，简化斗拱的组成部分，或以"昂""梁头"等造型暗示斗拱所在，以替代某些构件、部位。原中央博物院大殿，是仿辽代传统宫殿样式与现代构造方式相结合的建筑，保留了木质的斗拱，但朱红色柱子采用了混凝土材料。应用简化和概念化手法，是民国建筑设计、营造过程中斗拱再现的重要方式（图4.37、图4.38）。

灵谷塔建筑上的斗拱，已经不具有结构承重作用，仅有装饰性（图4.39）。

图 4.37 原中央博物院大殿的斗拱（一）（作者 摄）

图 4.38 原中央博物院大殿的斗拱（二）（作者 摄）

图 4.39 灵谷塔一层的斗拱（作者 摄）

4.5 柱、梁的华丽

4.5.1 民国建筑中的中式柱子

柱是建筑中一种直立承托上部重量的主要结构件。古代柱子多为木柱，也有石柱，木柱下有石质的柱础、柱基石，起到防腐、防水、防潮、防霉的作用。

为何传统建筑能墙倒而屋不塌？因为古建筑承重的结构是屋架，屋架的稳固决定了整个建筑的防倒塌性。各类柱子是竖向木结构构件，与横向的梁、檩、枋等构件结合，组成了屋架。只要屋架体系稳固、结实，房屋建筑就不会倾斜、倒塌。在传统建筑设计中，柱子除了是建筑的重要构件，也是计算开间数量和形制级别的参考依据，有一套精细的计算模式、下料秘诀。

传统建筑中的柱子种类繁多。按截面形状分，有方柱、圆柱、八菱形柱、六菱形柱；按长细比分，有长柱、短柱、中长柱；按外形分，有直柱、梭柱；按柱子的材质分，有木柱、石柱、砖柱；按功能分，有山柱、金柱、檐柱（廊柱）、垂柱和角柱。角柱就是建筑物四角的柱子。此外，还有中柱（也称脊柱）、蜀柱（又称脊瓜柱、侏儒柱）、瓜柱、驼峰、柱础（又称磉盘或柱础石）、牛腿柱等。

在南京民国建筑中，能看到保留中式柱子的建筑有国民革命军阵亡将士公墓（圆柱）、原中央博物院大殿（梭柱）、原金陵女子大学建筑群、原铁道部建筑群等，但因为近代建筑的空间及面积已不按古代礼制来确定，因此带有柱子的民国建筑也都有了一些创新，形成了新民族建筑风格（图4.40、图4.41）。

图 4.40 国民革命军阵亡将士公墓建筑的柱子（作者 摄）

图 4.41 原中央博物院大殿的梭柱（作者 摄）

4.5.2 民国建筑中的梁

梁，是传统建筑构架中最重要的横向构件之一，它是一段横截面大多呈矩形的横木。明清时期，梁横截面基本接近方形，后来直梁、弯梁、多棱角梁也都有出现。常言道"栋梁"，可见，梁的作用是重要的，与柱子配合构成的梁柱体系，是屋架结构稳固、牢固的重要基础。

梁，承托着建筑物上部构架中的构件及屋面的全部重量，再传递给柱子、地面，而且梁上也利于横向装饰作画，发挥油作的装饰作用，因而各种大小梁上有不同的油工彩绘。传统古建中，各式的梁有抱头梁、挑尖梁、太平梁、元宝梁、角梁、单步梁、双步梁、三架梁、月梁。

在较大型的建筑物中，梁是放在斗拱上的，斗拱下面才是柱子；而在较小的建筑物中，梁是直接放置在柱头上的。传统建筑的梁都是裸露出来的，能清晰地看到纵横交叉的结构。此外，古人对建筑上梁的尺寸、受力，也都是有一套自己的算法和口诀要领。

国民革命军阵亡将士公墓纪念塔内部的石柱位于塔的中部，从下往上达到顶层，但是没有支撑到屋顶，柱子上雕刻有云纹图案。另外，塔的横梁截面均为方形，梁身绘有和玺彩画（又称宫殿建筑彩画）的轮廓线，绘画上做了简化（图 4.42、图 4.43）。

图 4.42 国民革命军阵亡将士公墓纪念塔内部的石柱（作者 摄）

图 4.43 国民革命军阵亡将士公墓纪念塔内部的横梁（作者 摄）

4.5.3 雀替、牛腿的简化

牛腿和雀替都是传统建筑中的重要构件，有些资料里将两者混称，实际上却大不相同。

雀替，取鸟雀替木之称，被置于建筑的横材（梁、枋）与竖材（柱）相交处，除了具有一定的承重、增强连接的作用外，还可以起到装饰作用。以制作材料区分，有木雀替、石雀替。牛腿，又叫"马腿"，专业术语称"撑拱"（即支撑屋顶出檐部分的撑拱综合部件），是明清时期建筑中的上檐柱与横梁之间的撑木，大多位于屋檐的梁之下。牛腿的作用是衔接悬臂梁与挂梁，多起装饰的作用而不主要起传承力的作用。

两者区别：雀替是"梁"下的木雕构件，而牛腿通常是指"檐"下的木雕构件。

在原金陵女子大学旧址增建的北大楼、中大楼、南大楼三座建筑，是民国建筑风格的延续。在建筑上可以看到清式卷草纹雀替，卷草纹是雕刻的，而不是绘制的。

详细来说，早期的牛腿为"S"形，像壶瓶的嘴，后来的牛腿造型和雕刻内容越来越复杂，在檀木、楠木、银杏、

香梓等木材上进行图案纹样的雕刻。安徽、浙江、江苏等地
区的江南传统古民居上，牛腿木雕是很讲究的，雕刻内容广
泛地采用儒释道人物、花鸟、吉祥动物等题材，并交错运用
浮雕、镂空雕、半圆雕技法，技艺精湛、神形兼备。牛腿是
古建之"睛"，承载着古建营造的丰富智慧与厚重文化。在
数百年的历史发展中，牛腿除了支撑功能外，其造型与艺术
风格也在发生变化（图4.44）。

图 4.44 早期牛腿的造型（作者 摄）

进入清代，牛腿体量变大，形状也趋向多样化，壶瓶嘴
逐渐变成倒挂龙的形状，继而往上大下小的直角三角形演变，
雕刻更加精密、烦琐。传统建筑木作技术的繁荣发展，促进
了木雕牛腿的进步，但是，走入炫技、过分装饰误区的牛腿
木刻，又成了建筑不能走向现代化的障碍（图4.45）。

图 4.45 清代建筑的牛腿装饰（作者 摄）

　　民国时期，建筑师对传统构件的改造主要手法是简化，抛弃繁复的图案、雕刻。比如，杨廷宝在设计原中央医院大楼时，在建筑转角位置上设计了突出的霸王拳；原国民大会堂中也有简化后的榫头出现（图 4.46）。屋檐下露出的霸王拳、榫头或者角梁、牛腿，在民国建筑上并没有大量的复原和运用。

图 4.46 原国民大会堂建筑简化后的榫头装饰（作者 摄）

4.6 门当、户对的文化逻辑

在传统建筑中，门的造型丰富多样，具有等级规格、带有很多寓意，比如，广亮大门、金柱大门、蛮子门、如意门、随墙门、垂花门以及一些园林门，如满月门、八角门、贝叶形门、葫芦形门、梅花形门、宝瓶形门等。门头的精巧、门槛的高低，在无言地诉说着一个民族、一个家族、一个时代、一段历史的曾经。瞻园是明初的吴王府，是南京现存历史最久的一座古典园林，已有600多年的历史，园内有仿古的梅花形门，十分别致（图4.47）。

图 4.47 瞻园的梅花形门（作者 摄）

总统府，是清代和民国的官办建筑群，其西花园为典型的江南园林，内有宝瓶形门。宝瓶形的门洞，寓意着"保平安"，寄托了人们的美好向往。传统园林中各式的门洞，更像是一个画框，形成了框景，这就是古典园林雅致的美。

传统民族建筑的门形还有很多，出于对建筑使用功能的需要或者精神文化的表达，大门的形制、规格、装饰等都会有所不同。

民国时期，在公共建筑、居住建筑及工业建筑中，采用拱形门和铸铁门的情况比较常见，而且拱形门和铸铁门往往配合在一起使用，具有西式的风格。南京民国建筑中，有不少使用了铁艺门、窗。比如，原国民政府中央广播电台江东门发射台（图4.48）、故宫博物院南京古物保存库、中山陵陵门、原中央体育场、基督教青年会旧址、原下关招商局候船厅、原国民政府铁道部大院内的孙科公馆等。

原中央体育场大门是仿中式冲天式牌楼，又名柱出头式。八根出头的云纹望柱头，中间夹七座庑殿顶的小门楼，饕餮纹正吻。横枋上的石刻纹饰为彩画元素，中部是两折的莲瓣头方心，两侧素籇头内是出尖儿的海棠盒子。冲天式牌楼下面，入口处为拱形门和镂空铸铁大门，造型与中式门窗图案不同，这是民国建筑的一个重要特点（图4.49）。

4.6.1 门当

人们常说"门当户对"，借指缔结姻缘双方条件相当。实则门当与户对在传统建筑中均是门的构件。

门当是我国传统建筑门口相对放置、呈扁形的一对石墩或石鼓，包括抱鼓石和门枕石。在古代，大门两侧放置门当，有圆形的、有方形的，圆形的象征战鼓，方形的象征砚台。不同等级的家室，门当的等级也不同，其具有区别官阶、等级的符号作用。

在原金陵女子大学西面有北大楼、中大楼、南大楼三座建筑，是民国建筑风格，将中式传统建筑艺术与石材、水泥

图 4.48 原国民政府中央广播电台江东门发射台拱形门（作者 摄）

图 4.49 原中央体育场建筑的柱出头式牌楼（作者 摄）

等现代材料进行了结合创新。南大楼入口为石制仿木门框，有四颗六边形门簪，云板抱鼓石，鼓心刻莲花（图 4.50）。

图 4.50 原金陵女子大学内建筑的门当（作者 绘制）

4.6.2 户对

户对是我国传统建筑大门的构件之一，是门楣[1]上突出之柱形木雕、砖雕，上面大多刻有瑞兽、珍禽、花卉或吉祥文字的图案。因以双数出现，故名"户对"。南京民国建筑中，设计和使用户对的，基本都是做了简化处理，仅仅突出造型，作为装饰之用。

4.6.3 门簪

门簪是中国传统建筑的构件，安装在门的中槛之上，这个物件对于门来说，非常重要。其不仅是一种装饰，也是古代固定门的一种销子，具有实用功能。因为这个木栓头所处位置正好在大门的头顶上，与妇女头发上的发簪相似，所以称为门簪。门簪是用来锁合中槛和连楹的木构件，因为门框和门扇是一个系统，属木作的受力、紧固之用。除了其基本功能外，还有一个别致的用途，在夜晚或迎送、嫁娶等节日，门簪被专门用来悬挂灯笼。

门簪在外形上多种多样，有圆形、方形、菱形、六角形、八角形等形状，并在上面雕刻饰彩（也有门簪不做雕刻的），内容主要是四季花卉或吉祥文字、图案，增添它的装饰效果，也体现了深厚的文化内涵。

在封建社会，门簪的数量体现了户主的身份、地位。百姓之家为 2 颗，大宅户是 4 颗，皇家、王府的门簪可达 12 颗之多。给人提亲时，如双方门簪数量不一样多、门枕石大小不同，那就门不当户不对。这成为封建社会婚姻观、处事的一个世俗参考。

民国时期的国民大会堂，建筑上使用了门簪的简化造型（图 4.51）。随着古建筑在时光中的湮没，尤其是建筑中封建文化的消亡，门簪也淡出了人们的视野。

图 4.51 原国民大会堂建筑的门簪装饰（作者 摄）

4.7 窗棂诗意的审美

窗棂是中国传统建筑的重要构件之一，是传统建筑艺术的独特表现形式。窗棂是较为正式的用语，通俗来讲，叫作窗格。窗和门，能使建筑通透，视野开阔；同时，又给建筑带来良好的装饰效果，强化了建筑艺术形态。在古建筑中，门与窗户的区分是很明显的，门是高于、大于窗户的；而民国建筑、现代建筑上，门与窗的关系趋于模糊，且窗可以大过门、高过门。

4.7.1 中式窗棂类别的解读

从起源来看，原始人类以穴为居，在居所上方开一个既能通气排烟，又能使室内光亮的洞口，这就是最初没有装饰作用的"窗"。无论哪种风格的建筑，都需要用以采光、通风，且表现居住者精神风貌、本民族特色的窗户。由于历史的发展，建筑形式发生了很大的变化，窗棂的结构、造型和色彩也产生了改变。

在传统房屋建筑中，常见的中式窗棂，大致分为六类：板棂窗；隔扇，即落地长窗；隔断，亦称屏风；槛窗，也称半窗；支隔窗；遮羞窗。

窗棂的图案主要是各式各样的树、花、草、吉祥纹样、博古文玩、历史文化故事等。由于中式传统建筑门窗使用木材，利于雕刻，因此有了更加丰富的创作范围。

　　传统建筑中的门窗格心棂花，在造型上有很多图案样式和寓意。比如，（1）回纹图案，有安全回归的意思，寓意福寿吉祥深远绵长。（2）工字样式，象征人的正直品行。（3）"井"字棂花图案，意指天上的星宿，是吉祥的象征。（4）云纹，寓意吉祥和高升。（5）六角形图案的棂花有两种形状，一种是六角全锦图，为等边六角形图案；另一种是龟背锦，为不等边六角形，形状像乌龟背上的龟纹。六角形的"六"和代表钱财的"禄"谐音，有吉祥、进财的寓意。（6）"亚"字图形，与古人祭祀有关。如北京故宫太和殿的台基也是做成"亚"字形的。（7）盘长图案，是一种图形文化、一种幸运盘，象征着长生，属于吉祥符号。（8）梅花样式，是一种规整的五瓣梅花图锦，是象形图案样式。梅花蕴含春季已到，普天之下将是一片生机盎然的含义，象征君子之德，寓意苦尽甜来。（9）方格纹，网纹图案，寓意建筑的主人期望招财进宝。（10）"十"字格图案，象征大地上的经纬线，寓意为大地宽广。（11）菱形、菱形锦图，具有果实丰硕、进财的寓意。（12）风车纹，是一种风车轮形状的图案。风车接受风力并转换成动力，供人们生产之用，也就成为人们得到财富的一种象征。（13）方胜，两个菱形压角相叠而成，表示心连心，象征男女之间坚贞的爱情，也有同心协力就能办成事的含义。此外，还有一码三箭、套方锦、花结图案、灯笼锦、步步锦、卧蚕图案、圆镜形状以及多图案组合的窗棂。窗棂已经不仅仅是建筑的组成部分，更成为一种文化，其图案、造型、线条的设计，都寄托着建筑主人对美好生活的向往与追求。

　　原金陵女子大学增建的北大楼、中大楼、南大楼三座建筑的大门别有风味。其中，北大楼的入口大门中间两扇槅扇门用的是步步锦槅心，两侧为三交六椀菱花的槅心，民国时期，设计上可只考虑纹样的装饰效果，不用顾忌等级制度。南大楼的大门处，采用的是四扇灯笼框槅心的槅扇门，与西式石材大门毫不违和，造型和色彩组合的效果不错。由此可见，在中式建筑中，门、窗有时候是一样重要的，窗棂的元素可以在门的设计上得以发挥与体现。

我国传统建筑中式窗棂，在题材上，传统窗棂图案有植物纹样、动物纹样、几何纹样等，而且都与如意吉祥的理念密切相关。比如，鹿、蝠谐音，表示禄、福的意思；鱼纹表示年年有余；莲花、莲子表示连生贵子。这些充满美好寓意的窗前空间能够带给人们心灵的慰藉。在雕刻上，传统建筑门窗的雕刻工艺，是工匠数千年来摸索形成的传统技艺。雕刻手法分为浮雕、透雕，同时包含攒插、插接。

随着文化的发展、演变，窗户的样式和图案逐渐变得富丽堂皇、五花八门。至清代，窗户、窗棂的工艺已达到较高水平，窗棂花纹繁复，雕刻工艺考究，极富装饰美感。这些值得我们现在的建筑师、设计师加深了解和认识，借鉴到自己的设计作品中。

4.7.2 窗与诗歌之间的文化关系剖析

古人对窗的情感寄托丰富多彩，似乎毫无情感的窗户与依窗而思的人之间有着密切的联系，因而窗成为人们表达思念、情爱的媒介。古往今来，诸多文人墨客依托窗景寄托他们的情感，很多诗句中都提到了"窗户"（表 4-1）。

表 4-1　带"窗户"的诗句

类别	诗句	出处
以"窗户"开头的诗句	窗户几层风，清凉碧落中。	唐·张乔《登慈恩寺塔》
	窗户风凉四面开，陶公爱晚上高台。	唐·王建《昭应李郎中见贻佳作次韵奉酬》
	窗窗户户院相当，总有珠帘玳瑁床。	唐·王建《宫词一百首》
	窗户背流水，房廊半架城。	唐·皇甫冉《酬裴补阙吴寺见寻》
	窗户迎新燕，阶除巢乳鸦。	南宋·陆游《春晚》

类别	诗句	出处
"窗户"在中间的诗句	重楼窗户开，四望敛烟埃。	唐·段文昌《晚夏登张仪楼呈院中诸公》
	池塘月撼芙蕖浪，窗户凉生薜荔风。	唐·方干《山中言事》
	园林入夜寒光动，窗户凌晨湿气生。	唐·方干《雪中寄殷道士》
	残年仍卧疾，窗户夜恪恪。	南宋·陆游《久疾》
	闭门读书史，窗户忽已凉。	唐·韩愈《此日足可惜赠张籍》
	屋漏不可支，窗户俱有声。	南宋·陆游《大风雨中作》
	小儿结山房，窗户颇疏明。	南宋·陆游《与子虞子坦坐龟堂後东窗偶书》
	南风柱础乾，西照窗户明。	南宋·陆游《晚雨》
	回望高城落晓河，长亭窗户压微波。	唐·李商隐《板桥晓别》
	东家筑室窗户绿，西舍迎妇花扇红。	南宋·陆游《农事稍间有作》
	似见楼上人，玲珑窗户开。	唐·陈羽《公子行》
"窗户"结尾的诗句	清辉澹水木，演漾在窗户。	唐·王昌龄《同从弟南斋玩月忆山阴崔少府》
	寒月摇清波，流光入窗户。	唐·李白《望月有怀》
	鹧鸪惊鸣绕篱落，橘柚垂芳照窗户。	唐·刘禹锡《龙阳县歌》
	惊风折乔木，飞焰猎窗户。	唐·李群玉《宿鸟远峡化台遇风雨》
	应真坐松柏，锡杖挂窗户。	唐·王昌龄《诸官游招隐寺》

本来普通的建筑构件，却因为承载了人的精神情感，而变得富有人文色彩，因而在设计上，就有了丰富多彩的元素，其款式也多不胜数，值得人们在美学领域进行广泛的研究。

在中山陵藏经楼中，可看到传统窗花纹样的运用，窗棂造型变化不大，材质采用铁质（图4.52）。多数民国建筑上窗棂纹样简化，并选用现代材料制作。

4.7.3 民国建筑中的窗户之美

古今中外的门窗，一直是建筑上的重要组成部分，它们不仅具有绝对性的功能作用、装饰意义，而且更具有高度的艺术价值、文化内涵。门窗的结构构成、统筹安排、图案设

图 4.52 藏经楼的传统窗花纹样（作者 摄）

计决定着建筑造型、建筑风格以及建筑的感染力。

　　传统建筑中的窗棂图案是比较复杂的，民国时期建筑中，窗户的设计结合了西方建筑的圆拱、尖拱等造型，以及大玻璃窗等元素，形成了自己的特色。

　　原国民大会堂是民国记忆的一个缩影。瘦而长的窗户，给建筑带来高大、明亮的视觉感受，外形上采用的是西式大窗，只是没有哥特式建筑的彩色玻璃和尖顶。细处来看，采用了云纹、回纹的窗棂格子装饰。这样的窗户，中西糅合，特别适合公共建筑（图4.53）。

图 4.53 原国民大会堂的高大窗户（作者 摄）

　　原中央体育场建筑大楼，拱行并排的大门，窗户是拱形的半圆窗，在窗户上部有一对石雕牛腿，下部采用了西式的外阳台造型，窗格花纹是极具中国风的"花结"图案。中西合璧，两种风格完美融合（图4.54、图4.55）。

　　民国建筑窗户的设计还保留和继承了中式传统窗棂的色彩。如原金陵女子大学随园200号楼窗户的色彩（图4.56）。

图 4.54 原中央体育场建筑的门（作者 摄）

图 4.55 原中央体育场大楼上的窗户（作者 摄）

图 4.56 原金陵女子大学随园 200 号建筑的窗户（徐振欧 摄）

　　一窗一景致，一窗一姿容，一窗一风韵，一窗一境界。在我国传统建筑文化中，窗棂作为一种文化象征和装饰元素，具有丰富的内涵。如今的门窗在造型、材料、工艺方面有了很大的进步，但是，我们对窗户的理解，不能仅仅停留在采光、通风、安全、牢固等层面，还要对窗棂的文化、精神元素、装饰符号等进行挖掘和发展，设计出更多富有人文艺术气息、民族风格的新窗户和新建筑。

　　在观摩民国建筑的民族元素时，除了以上所提到的传统建筑元素，还应注意民国建筑中对这些元素的创造性设计，这些设计体现了国人对外来民族元素的解读、借鉴，而不是简单地复制和模仿，值得肯定。

　　民国时期的建筑师在进行建筑设计时，以能代表传统建筑艺术风格的构件、造型等为主要借鉴对象。因此，在南京的民国风格建筑中，应用最广泛的、能代表传统建筑结构特点的构件，如斗拱、牛腿、雀替、榫头、梁枋头等十分常见，而对传统纹样、传统色彩则进行了简化、省略，如繁复的砖雕、木雕等基本弃用。曾经参与民国建设的外籍建筑设计师亨利·墨菲，总结过关于我国传统宫殿式建筑的五大特点，这不但成为他的设计原则，也影响了民国时期很多的建筑师、设计师。

　　南京民国建筑的细节部分，不仅有西方建筑文化的表达风格、建造技艺，也有我国传统建筑艺术的手法体现与改变。观察民国建筑艺术，就是要找出建筑细节部分的改变与创新之处，这样才能更好地了解和认识民国建筑的艺术风格与风采，增强对这种设计风格的应用传承。

05

第五章

西方·元素

西方建筑特色鲜明、个性突出，在整个西方造型艺术中占有非常重要的地位。西方建筑文化、风格，值得我们学习、借鉴。

在清朝末年，尤其是洋务运动前后，国人开始走出去学习西方先进的科学技术。到了民国时期，一大批留洋人才，尤其是青年建筑师的回国，对当时的社会发展产生了巨大的推动作用。

在民国之前，国人就已经开启了对西方建筑、西方现代科技的学习。西方建筑的元素很多，具有较高的艺术水平。这里仅简要介绍和论述一些在南京民国建筑中有体现的西方建筑元素。

5.1 古典柱式

西方文明的繁荣发展，使得西方建筑文化产生了瑰丽、璀璨的文明成果。李华东的《西方建筑》一书，曾将西方建筑置于全球文化的大背景之下，诠释时注意中西贯通、古今贯通、史论贯通、艺术门类贯通，从不同方向、不同角度展现了西方建筑的魅力[1]。

要了解西方古典建筑，首先要认识不同形式的古典建筑立柱。柱是西方古典建筑最基本的组成部分，也是西方人文、科技发展的见证，更是西方古典建筑艺术造型的主要亮点、特色。

西方文明起源于古希腊，古希腊人创造了三种建筑柱式。（1）多立克柱式——刚劲、粗壮，浑厚有力，象征男性的体态和性格，代表建筑：雅典卫城的帕特农神庙；（2）爱奥尼柱式——优美典雅，象征女性的体态和性格，代表建筑：雅典卫城的胜利女神神庙、伊瑞克提翁神庙；（3）科斯林柱式——纤巧华丽，代表建筑：雅典的宙斯神庙。后来，罗马人又在希腊三柱式的基础上，发展出了雄壮的塔司干柱式与华丽的混合柱式。

5.1.1 经典建筑柱式的简述

西方建筑的柱体一般由檐部、柱子、基座三部分组成。各部分又包含若干细小的部件，檐口、檐壁、柱头等重点部

1. 李华东. 西方建筑 [M]. 北京：高等教育出版社，2010.

位常有各种雕刻。将立起来的柱子，从下往上看，依次是：
（1）基座，包括座础、座身、座檐、柱础；（2）柱身；
（3）檐部，包括柱头、额枋、檐壁、檐口。西方古代的建筑，
在出现与发展中，对建筑各个组成部分、要素都有固定的、
标准化的、典范化的规定、记载和传承，因此，柱式也往往
具有固定的形式和结构。

西方建筑中的五种经典柱式，除了雄壮有力的主柱体，
还有细长的束柱、簇柱，各式柱子通到屋檐，达到顶部，使
建筑更有力量感，也大大提高了建筑空间的高度。

西方古典建筑有五种经典的建筑柱式，下面简要介绍各
柱式的特点（表5-1）。

表 5-1　五个经典建筑柱式、柱头

类型	柱头	柱式（风格、比例）描述
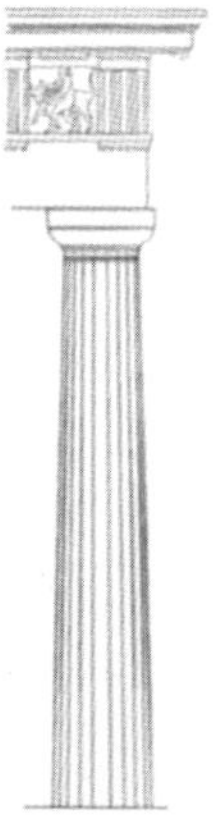	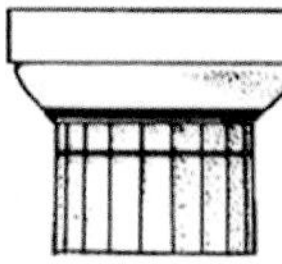	多立克柱式（Dórica），是希腊古典柱式中最古老、最基本的一种，起源于公元前7世纪。它的线条和美学是基于男性身体的比例和雄壮的原型设计的，在希腊建筑中使用，以纪念男性神灵。柱头有分散、传递荷载的功能，它能将荷载转移到柱身上。多立克柱式适用于低矮的建筑。高宽比为8:1。

类型	柱头	柱式（风格、比例）描述
		爱奥尼柱式（Jônica），暗示了女性身体的线条，以"女性的纤细"为特征。在柱头的构成中，可以看到来自东方的影响，如棕榈叶、纸莎草和蔬菜叶的形象。该柱式的高宽比为9:1，有基座，能够承受更大的荷载；细长的柱身，在到达基座时稍稍变宽；柱头有涡卷形饰（盘涡形饰）。
		科林斯柱式（Coríntia），是希腊柱式中最精致的一款。这种柱式呈现出一系列细节和精心的设计，以模仿"女孩的苗条身材"。柱头上雕刻了莨苕叶子和莨苕萌芽的形象，富丽豪华，装饰性强。科林斯柱式的高宽比是10:1，看起来纤细修长。

续表

类型	柱头	柱式（风格、比例）描述
		塔司干柱式（Toscana），是对多立克柱式的重新诠释。它的高宽比是 7:1，比多立克柱的高度要少 1 个柱宽，柱身更粗壮。塔司干柱式的柱身是光滑的，形式简洁、结构简单，适用于防御城墙和监狱。
		混合柱式（Compósita），是将科林斯柱式的柱头与爱奥尼柱式的涡卷相结合所发展出来的，形象更为复杂、华丽，是五种柱式中最复杂的一种。混合柱式的高宽比是 10:1，显得纤细秀美。

表 5-1 中每一种柱式的命名，体现在它的构图比例和（或）柱头装饰上，柱子的上端负责将水平檐部所承受的重力转移到柱身上，并通过柱础获得释放。这五种西方柱式，对西方建筑艺术起到了重要的基础作用。

5.1.2 民国时期南京建筑应用的西方柱式

从外表来看，南京民国建筑的显著特征之一，就是应用了这类古希腊罗马式的巨柱。

南京民国建筑应用西方柱式的建筑很多，比如，中国银行南京分行旧址大楼，交通银行南京分行旧址大楼，总统府大门，原"国立中央大学"大礼堂、图书馆和生物馆，原民国海军医院旧址，原民国交通部部长端木杰的公馆，等等。

总统府大门采用了高大、细长的爱奥尼柱。柱式纤细，比例瘦高，配以石拱门，建筑体现出较为明显的西洋风格（图5.1、图5.2）。

图 5.1 总统府大门柱式（作者 摄）

图 5.2 总统府大门柱式柱头（作者 摄）

原"国立中央大学"（今东南大学）建筑群中，西方古典式建筑占有一定比例，大部分采用高大的爱奥尼柱，有人戏称，南京最地道的爱奥尼柱式建筑就在东南大学。比如，校园内的图书馆，这一建筑的外立面造型几乎是西方建筑风格的重现。大门入口处有四根高大的爱奥尼柱，其上是极具代表性的三角形屋檐。整个建筑造型严谨，比例匀称，雄伟气派，细节装饰也极其精美（图 5.3）。

图 5.3 原"国立中央大学"图书馆装饰柱式（徐振欧 摄）

交通银行南京分行旧址大楼（现为工商银行），可能是南京民国建筑中采用爱奥尼柱式最多的一座建筑了。大楼正面朝南，门口有四根高达九米的柱子直抵二楼，铁门钢窗造型也很美观。在大楼外部东西两侧，还各配有六根式样、高度相同的爱奥尼柱。这些巨大的柱子使建筑整体显得高大挺拔、坚固庄重，也彰显出了银行业主的雄厚资本和经济实力（图5.4）。

原海军医院旧址内的门诊楼大门口，有两个粗壮、华丽、复古的门柱子，柱式是多立克柱，至今仍保存完好。

原民国政府交通部部长端木杰公馆，建于1929年，是一座三层砖混结构的洋房，有宽大的露台、花墙护栏；壁柱为多立克柱式，柱头为倒置圆台，柱身为梭柱，简明刚劲。窗槛墙用罗马柱装饰，每开间外墙皆设圆壁柱，柱间为巨大的玻璃窗。房屋坐北朝南，用黄色砂浆粉刷墙面，红瓦四面坡覆顶。

原英国驻中华民国大使馆，现为双门楼宾馆（小白楼）。在宾馆建筑外部，突出点缀着数种不同的柱式。这是一座白色墙身、暗红色瓦顶的欧风建筑，气度雍容华贵（图5.5、图5.6）。建筑立面、门廊入口处，可以清晰地看到很多的双柱、列柱，均为经典的西洋柱式，有转角列柱（端部为方，内侧用圆）、三柱组合、双柱组合等造型。这座二层建筑，一楼柱多为多立克柱式，二楼柱为爱奥尼柱式，柱头有一对向下的涡卷装饰，柱身则经过简化处理，略去了二十四条凹槽。

图 5.4 交通银行南京分行旧址大楼的爱奥尼柱（作者 摄）

图 5.5 原英国驻中华民国大使馆建筑主体（作者 摄）

图 5.6 小白楼的门廊（作者 摄）

5.2 拱券结构

5.2.1 拱券的诞生

拱券，拱和券的合称，是一种建筑结构，是由砖、石等砌成的跨空砌体，多指拱形建筑物上呈弧形的部分。拱券基本结构包括券石、券心石、券肩石、券底石、券顶、券底、券背、券腹、圆心、起券线等。建筑的上部空间是建筑体系中最难塑造的部位，在建筑中如何不设柱子而使空间更大，拱券结构就应运而生了。可以说，拱券结构是古代人们解决建筑跨度问题的有效方法。代表性的拱券结构，如欧洲古罗马的万神庙、我国河北赵县的安济桥。这里说一下，中外拱券两者之间的不同点，中式拱券单边多见，西式拱券层次多，拱券的边多，且层层递进到门。

在拱券体系中，拱是弧形空间，而券是空间的受力体系。发现和利用这样的物理机理来创造空间，不仅安全可靠、牢固坚实，而且也有一定的线、面的美感。

在古代，国人用梁柱加斗拱营造巨型大坡木屋顶；西方人用拱券结构建造他们宏伟恒久的穹隆石屋顶。这都是先民各自进行建筑艺术创造的智慧体现。

在西方，拱券结构促进了建筑的繁荣发展与进步，是墙体、门结构上的技术与艺术。半圆形的拱券是古罗马建筑的重要特征，尖形拱券则为哥特式建筑的明显特点。无论哪种造型的拱券结构，除了具有良好的承重性之外，还有突出的艺术性和装饰性。拱券结构是古罗马最大的成就之一，也是古罗马对欧洲建筑、世界建筑的最大贡献，给世界建筑文化带来重要、深刻的影响。西方建筑中，拱券结构的使用十分多见，而且随着时间的推移有了很多的变化，拱券形式、拱券体系也越来越丰富。

上海是民国建筑很集中的一个地方，位于广东路 93 号的永年人寿保险公司旧址，是上海市人民政府公布的第二批上海市优秀历史建筑。此建筑又名永年大楼，建成于 1910 年，原由英商永年人寿保险公司所建。钢筋混凝土结构，英国古典主义风格，局部为巴洛克装饰。永年大楼外立面的拱券，是半圆形拱券与尖形拱券的结合。

虽然说拱券西方多见，但其实我国古代建筑中也有这种结构形式。汉代砖砌墓室筒拱和宋以前砖塔上的拱券，大多数用泥浆砌造。宋代开始用石灰泥浆，明清时使用纯石灰。明初出现用筒拱建的房屋，上加瓦屋顶，仿一般房屋形式，俗称无梁殿。据此推测，拱券在寺庙、墓葬类的建筑上使用较多。

灵谷寺无梁殿，是我国历史最悠久、规模最大的砖砌拱券结构殿宇，始建于明洪武十四年（1381 年）。因整座建筑采用砖砌拱券结构、无梁无椽，所以被称无梁殿。1931 年，国民政府将无梁殿改建为国民革命军阵亡将士公墓的祭堂，命名为"正气堂"。无梁殿现被辟为辛亥革命名人蜡像馆，供人们参观游览（图 5.7）。

无梁殿采用砖发券起拱的方式建造，殿高 22 米，宽 37.85 米，进深 37.9 米，南北侧各有 3 个拱门，顶部有透光的圆孔，四面皆有窗。其结构坚固，气势雄伟，至今已有六百多年的历史，这么大体量的古代砖砌拱券结构，在国内是很少见的（图 5.8）。

民国时期，浦口火车站位于浦口码头附近，火车站大楼、月台、雨廊、售票房、贵宾楼、电报房等主体及配套建筑，建于 1914 年，现在被誉为中国最文艺的九个火车站之一。

图 5.7 灵谷寺内无梁殿（作者 摄）

图 5.8 无梁殿砖砌拱券结构（砖发券起拱方式）（作者 摄）

在我国铁路百年史上，浦口火车站和津浦铁路占有重要地位；在近代文学历史上也有一定的纪念意义，是现代散文家、民主战士朱自清散文《背影》的发生地。浦口火车站前的廊道有拱券风格的体现；火车站中的拱券廊道，其实是筒拱的变异和创新设计（图 5.9）。

5.2.2 西方建筑的拱券形式

西方建筑拱券结构主要有六种典型形式：（1）叠涩拱，

图 5.9 浦口火车站中的拱券廊道（作者 摄）

即叠涩券。它出现于古希腊时期，因为古希腊的保守传统，
建筑建造很少有创新的结构，很长时间均使用平梁结构，必
须运用拱券的时候，就利用各层建筑材料向内堆叠和收分，
在中线处合龙形成拱券。因而，叠涩券又称假拱，不算是真
正意义上的拱券结构，后来经过古罗马时期的开发，形成了
真正的拱券结构。（2）筒形拱，也称筒拱。筒形拱形成一
个隧道形或筒形拱顶，这样的拱顶提供了两道平行墙之间的
曲线屋顶，能够结合起来形成拱廊。（3）交叉拱，是两个

筒形拱顶相交叉形成，内部空间开阔，有利于采光。长度不等的两个拱相交则形成一字拱，交叉拱也称棱拱。（4）十字拱，是特殊的交叉拱。十字拱是两个跨度、形状相同的筒拱相交而成。（5）帆拱，是对古罗马穹拱一种地域性的变异及重新诠释。在四个柱墩上沿方形平面的四条边长做券，在四个垂向券拱之间砌筑一个过四个切点的相切穹顶，水平切口和四个发券之间所余下的四个角上的球面三角形部分，称为帆拱。拜占庭建筑创造出的帆拱技术解决了方形平面上使用穹顶结构的难题，使集中式形制的建筑得以顺利发展。帆拱是建筑史上一次伟大的探索，也是拜占庭匠师们智慧与汗水的结晶，是古代劳动人民创造性的极大体现。在当今的伊斯坦布尔，随处可见的穹顶教堂仍映射着当年拜占庭帝国的辉煌。（6）尖肋拱顶，是从罗式建筑的圆筒拱顶改变过来的。推力作用于四个拱底石上，这样拱顶的高度和跨度不再受限制，可以建得又大又高。尖肋拱顶具有"向上"的视觉暗示，清瘦高悬的尖肋拱顶特别适合营造崇高、空灵、神圣的建筑空间，所以，很多西方的教堂建筑都运用了这一结构。此外，尖肋拱顶也使得柱子有了束柱、列柱、簇柱的变形，丰富了罗马柱式的装饰功能。

要建造造型丰富、形态多样的建筑，只有单一的拱券结构是远远不够的，古罗马人将梁柱与拱券相结合，形成了券柱式，还包括连续券、巨柱式、叠柱式这些当时来说新颖的建筑形式。

5.2.3 拱顶的几何：圆与尖

拱券的升级版就是穹隆。穹隆是拱旋转一圈形成的结构，又称穹顶。它是古罗马建筑和文艺复兴时期建筑的重要造型特征。西方人在艺术审美上，较早发现了笔直的线条与弯曲的线条比起来，曲线更富有灵活多变、舒展自由、拓宽空间视野的妙门。而且，曲线的回归就实现了一个圆形的绘成，圆形与三角形、方形、菱形相比，更富有美感，因此，圆与尖之间的矛盾与友好，就更加具有丰富的逻辑关系。

1. 圆拱顶

罗马式建筑风格的发展，促生了拜占庭建筑、伊斯兰建筑，这些建筑都有一个明显的特征，就是建筑顶部具有突起的圆顶。东罗马帝国文明的成果——拜占庭建筑，最大的进步是穹顶与帆拱的完美结合，即一个穹顶切去四个半球，再在上方挖一个圆洞，在圆洞上加底座，再在底座上加穹顶。这种结构的重量全落在了四个券上，再通过券与券之间的交叉点把力量传递给四个墩柱，这种方式完成了圆形穹顶与正方形平面的自然过渡。罗马帝国分出来的东罗马拜占庭帝国，产生的拜占庭式建筑风格哺育了后来的伊斯兰建筑，这种风格外观特别像洋葱，是拜占庭风格建筑的特色之一。圣伯多禄大教堂被誉为全世界最大的教堂，而它的标志即受罗马万神庙（Pantheon）启发的巨大圆拱顶。

哈尔滨的圣索菲亚教堂，气势恢宏，精美绝伦，最大的特征是墨绿色洋葱头式大穹顶，非常引人注目。圣索菲亚教堂始建于 1907 年，现为哈尔滨的地标，是我国保存非常完整的拜占庭式风格建筑，教堂内部是纯圆的穹顶，精美的壁画展示着哈尔滨城市的发展历程。南京民国建筑中体现大圆顶的建筑较为知名的要属原"国立中央大学"的礼堂，现为东南大学礼堂的绿色大穹顶建筑，已经成为东南大学的标志性建筑，也是南京民国建筑的典型代表之一（图 5.10）。

2. 尖拱顶

为使教堂更高，中世纪的能工巧匠便将罗马人的圆拱转换为尖拱，尖拱比圆拱的施工难度更大，更为陡峭垂直。尖拱的侧推力更小，能把建筑往上挑得更高。

宗教对西方建筑的影响是很大的，为了体现与神沟通、与上天交流的愿望，西方古典建筑中尖顶的出现频率很高，尤其是在哥特式建筑中，屋顶的尖顶、尖塔都被做得很尖、很高，直插云霄。哥特式建筑风格的特点，就是采用尖肋拱

图 5.10 原"国立中央大学"礼堂的绿色大穹顶（徐振欧 摄）

顶密集地分布排列，将屋顶、建筑的推力作用于四个拱底石上，并用飞扶壁（扶拱垛）来平衡拱的推力，辅助分担主墙压力，这样拱顶的高度和跨度得以拓展、延展，就可以将建筑物建得又高又大，内部的空间也更大。

英国的约克郡，是一个很有趣的城市，有《哈利·波特》电影对角巷的取景地，有欧洲现存最大的中世纪时期教堂——约克大教堂，这也是世界上设计和建筑艺术最精湛的教堂之一，属于哥特式风格建筑，其内部的尖拱顶体现了精美的拱顶建造艺术。

从地面向房屋顶部延伸、交叉的柱线，就像人体骨架上的肋骨一般。这里的肋，其实就是筒拱相交的棱线，不过，相较罗马式的十字棱拱，哥特式的棱更为明显、尖削，故又叫肋拱。肋拱不仅有承重功能，也极具装饰美感，因此很受建筑师重视，不但设计愈加精美，建造也愈发复杂，从简单的十字拱发展到六分拱，再到数不胜数、眼花缭乱的肋网——以各种附加肋骨、雕刻吊坠等装饰元素代替过去优雅、简单的肋拱。

尖肋拱顶，即肋顶，可使室内层高更高，这样的空间吸引信徒的目光往上走，更容易满足人们对天空的向往。

南京民国建筑中也有教堂，如石鼓路天主堂是天主教南京教区的主教堂。这座罗曼式建筑也是南京现存最早的西式建筑。教堂外形呈十字形，规模不大，造型简洁而朴实，富有美感。该建筑的内部为典型的四分拱顶，两侧墙上有彩色玻璃的拱券窗，堂内各种图案绚丽壮观。如今，经过多年的重修和维护，建筑上的材料、色彩与之前有所不同，但是基本保留了原貌（图5.11）。

金陵协和神学院（原金陵神学院）内的建筑上有白色窗户，可以看出，建筑使用了尖肋拱式样，形成了尖拱窗的造型，十分漂亮（图5.12）。

从古希腊、古罗马、拜占庭再到哥特式风格，可以看出，西方建筑拱券经历了从三角、半圆到尖拱的发展过程。到了

图 5.11 石鼓路天主堂内拱顶（徐振欧 摄）

图 5.12 金陵协和神学院建筑的白色窗户（徐振欧 摄）

哥特式风格时期，建筑的屋顶、窗户、门框等，都演变为这种尖尖的、向上的风格特色。其中，层层推进的尖形拱门，也叫透视门，早在罗曼式风格时便已司空见惯，但那时的门顶山墙基本是半圆形或弧形，少有尖形。约克大教堂立面的尖形拱门、尖形拱窗，都十分高大，有向上飞跃之感。

天主教把塔楼盖得越来越高，还在上面添加尖顶。尖顶通常采用砖石构建，有些也会使用木头，如果是木质的一般都会加裹铅或铜皮（铅皮可以保护木结构的尖顶不被雨淋坏）。几乎所有哥特式大教堂最先的设计图都带有尖塔，颇负盛名的哥特式建筑有法国圣丹尼教堂、法国巴黎圣母院、意大利米兰大教堂、西班牙巴塞罗那圣埃乌拉利亚主教座堂、德国科隆大教堂、英国伦敦国王十字车站等。这些建筑屋顶都有或者曾经有密集排列的、高高的尖塔或者塔楼。

西方建筑中拱顶的发展和演变，是建筑史上的重大成就，对我国建筑中的结构、装饰等方面产生了影响。南京民国建筑中对拱顶的使用就充分体现了这一点。

5.3 西式屋顶

西方建筑经过不断的演变，建筑风格比较多样，不同风格的建筑，其屋顶形式也不相同，各有特色。西方建筑屋顶主要有以下几种类型。

5.3.1 古希腊式建筑屋顶

古代希腊，是欧洲文化的发源地，古希腊建筑是欧洲建筑的先河。古希腊建筑的结构属梁柱体系，早期主要建筑都用石料，这与当地的地理环境、地质条件、矿产资源有关。希腊建筑的双面坡屋顶，形成了建筑前后用山花墙装饰的特定的手法。低矮的山形屋顶会在建筑物的末端留下等边三角形的剖面，即山形墙（山花）[1]，其主要作用是为了便于将屋顶的重量传递至直立的石柱上。山形墙中间部分通常会用雕塑装饰，多饰以浮雕。在屋顶与列柱楣梁间的部分，称为檐部。过梁外露的部分提供的雕塑的空间叫作带饰，带饰的装饰由排档间饰和三槽线饰带构成。这类建筑广泛出现在古希腊各类神殿中。古希腊时代是西方文明开源时期，这一阶段的建筑成就为后来的古罗马及欧洲的建筑艺术发展发挥了重要的奠基作用。

希腊建筑的屋顶坡度很缓，它不是表现建筑立面风格的重点部位，坡面造型与我国古代建筑的坡屋顶似有几分相似。希腊神庙屋顶的檐部被装饰以线脚和间隔的纹样，成为希腊

1. 山花，又称三角楣饰，是希腊罗马时代和文艺复兴时期常用的建筑横梁上一种三角形的装饰形式。

古典建筑屋顶的经典元素，也是雕塑、绘画、建筑等方面常见的元素。从屋顶的色彩来看，希腊建筑的屋顶通常是木构的屋顶挂瓦，由于该地区气候炎热，绿化较少，普通民居常采用两坡或四坡的红屋顶，与白墙相配，有效改善城市景观，并提升了人们的视觉观感。古希腊人通过建筑告诉我们什么是朴素而伟大的美。总之，古希腊创造的文明，日后成为欧洲文明发展的源头。

5.3.2 罗马式建筑屋顶

在古希腊文明灭亡后，古罗马人成为西方文明的缔造者。古罗马人在继承希腊建筑遗产的同时，也有所创新，结合自身的智慧和能量创造了古罗马风格建筑，其与古希腊建筑的最大差别之一就是屋顶造型的变化。罗马式建筑多为圆形屋顶或圆滑不突兀的屋顶；其窗户很小而且离地面较高，采光少，室内光线昏暗，使其显示出神秘与超世的意境，门窗上方均为半圆形。罗马式建筑以建筑物为主导地位，所以该类建筑虽然巨大繁复，但装饰却简单粗陋。

罗马式建筑多采用石头屋顶和圆拱，并用复杂的骨架结构来建筑拱顶。罗马式半圆形的拱券结构深受基督教宇宙观的影响，因而，罗马式的教堂在窗户、门、拱廊上都采取了这种结构，屋顶也是低矮的圆屋顶。由于穹顶建筑的设计理念符合西方基督教"救赎升天"的主旨，几乎所有的古罗马教堂都采用了穹顶设计。

由罗马式建筑发展起来的拜占庭式建筑（也叫东罗马式建筑，其屋顶造型普遍使用"穹隆顶"）、伊斯兰建筑，基本都有这种圆形的屋顶。屋顶为圆拱形的建筑高高耸起，在建筑内抬眼望去只有一个圆洞使阳光倾泻下来，像是人间与天堂的唯一通道。尤其是在教堂，当阳光射入这个洞口时，犹如上帝之光照射他的子民，给人一种神圣庄严的感觉。穹顶建筑也有窗户，不过窗户一般建得很高，也很小，光线很暗，更加增添了教堂的神秘感。

拜占庭式建筑（东罗马式建筑）的特点，是十字架横向与竖向长度差异较小，其交点上为一大型圆穹顶。土耳其伊斯坦布尔的圣索菲亚大教堂，是典型的拜占庭式建筑。拜占庭式风格建筑是罗马建设的东方化，是东罗马帝国吸收外来文化进行折中主义创造的杰作，给后续西方的建筑发展增添了活力。

相比于古希腊人，古罗马人对建筑空间的塑造显然更为熟练，他们已经懂得用超乎人体的尺度让进入建筑的人产生对未知的恐惧感，这种恐惧感很容易就变为对神明力量的崇拜，建筑也因此拥有了神秘而崇高的氛围。

5.3.3 哥特式建筑屋顶

哥特式建筑，由罗马式建筑发展而来，为文艺复兴建筑所继承，发源于 12 世纪的法国，持续至 16 世纪，在西方宗教治理国家的历史时期，以建筑文化之力给政治、政权带来了力量，赋予了神秘色彩。因此，哥特式建筑主要用于教堂，建筑的特色包括尖形拱门、肋状拱顶与飞拱。分解和解读哥特式建筑的屋顶，不仅是对建筑技术的梳理，更是对西方宗教文化的剖析。

哥特式建筑的原创性最根本之处在于使用了肋架拱和尖券，与罗马教堂的筒拱券大不相同。哥特式建筑多采用大窗户，这些窗户既高且大，几乎承担了墙体的功能，因而屋顶与墙、窗户就连接在了一起。哥特式建筑有着高高、尖尖的屋顶形象。

从外在来看，哥特式建筑多为高耸的尖塔屋顶，颇具"向上"的视觉暗示。支撑哥特式建筑屋顶的墙以及顶部的塔，也是越往上分划越细，装饰、装配物越多，也越玲珑精巧，而且顶上都有锋利的、直刺苍穹的小尖顶，反复出现、频繁排列。不仅所有的券是尖的，而且建筑局部和细节的上端也都是尖的，还很密集地排列，整个建筑处处充满向上的冲力。

米兰大教堂是意大利著名的天主教堂，又称杜莫主教堂、多魔大教堂，位于米兰市中心的大教堂广场，是米兰的标志性建筑。它始建于 1386 年，历时五百多年才完成，其间不断建设、不断维护。该教堂建筑共有 135 个大小尖塔，每个塔上都有一座雕像，石材雕刻和尖塔是哥特式建筑的特点之一，给人无限联想与奇幻之感。从建筑技法来看，哥特式教堂的结构体系，由石质的骨架券和飞扶壁组成。

在西方，塔楼向来被视为地标建筑，但自公元 400 年主教保林将铃铛引入宗教仪式后，塔楼逐渐发展成集合报时、召集、警醒等功能的最高建筑，故又称为钟楼，是基督教建筑不可分割的一部分，特别是进入哥特式时代，钟楼更受到前所未有的重视。

伊丽莎白塔 (the Elizabeth Tower)，俗称大本钟 (Big Ben)，是联合王国国会大厦威斯敏斯特宫（又称议会大厦）的附属钟塔，是世界上著名的哥特式建筑之一，也是伦敦乃至英国的标志性建筑，是世界游客必去参观的建筑之一。该钟楼于 1858 年建成（图 5.13）。

南京民国建筑中，应用钟楼、大本钟造型的建筑有很多。比如，中央饭店、原中南银行南京分行、中山码头、原中国银行南京分行下关办事处、原中央陆军军官学校等（图 5.14 ~ 图 5.17）。

以上这几处南京民国建筑上的大本钟、塔楼，由于多种原因，只保留了造型，不再有钟表和报时的功能了。

5.3.4 巴洛克建筑屋顶

巴洛克建筑，是欧洲 17 世纪末、18 世纪初在意大利文艺复兴建筑基础上发展起来的一种建筑。

巴洛克建筑追求动态，外形自由，有新奇虚幻之感。建筑用大量曲线代替屋面直线，使其产生强烈的扭曲感、凹凸感、线性感，喜好富丽的装饰和雕刻以及用不完整构图代替完整形象，如断山花、重叠山花和巨型曲线等，以突

图 5.13 大本钟（作者 摄）

图 5.14 中央饭店（作者 摄）

图 5.15 原中南银行南京分行（作者 摄）

图 5.16 中山码头的塔楼（作者 摄）

图 5.17 原中国银行南京分行下关办事处（作者 摄）

出个性；而且，屋顶檐口和山花常常为重点刻画的部分。由于巴洛克建筑的装饰丰富，因而屋顶的造型和结构也极尽繁复。

英国圣保罗大教堂，是巴洛克风格建筑的代表之一。它是英国第二大教堂、世界第二大圆顶教堂。其圆形屋顶尤其壮观、别致，教堂的圆顶是世界上最高的，至今仍吸引着国际游客前往观看。这类建筑屋顶上的穹顶，造型饱满、圆润，有生命感，赋予了建筑人体之美。这种追求几何之美、人体之美的设计倾向，体现了西方人的审美观。

在日伪统治南京期间，南京的城市建设基本上处于停滞状态，即便偶有建造之实，要么出于政治、军事或者宗教的需要，要么就是粉饰太平。1941 年，在灵谷寺松风阁西面建造的宝公塔，用来纪念南北朝时金陵的高僧——宝志和尚，这座塔与传统的木塔、砖塔、石塔完全不一样（除了顶部），没有屋檐也没有三层、五层、七层、九层的高度，异常小巧精致，略有巴洛克建筑屋顶的风格，算是帆拱、拱圈门、尖顶应用的一个体现（图 5.18）。

位于南京大马路 62 号的江苏邮政管理局大楼旧址，屋顶有一个绿色的圆顶，建筑虽年久失修，但是依然可以看出这是巴洛克风格。此处原是英国邮政银行，历经百年之后，这里留下的是沧桑的美感（图 5.19）。

5.3.5 法国古典主义建筑屋顶

法国古典主义时期古典元素的运用比文艺复兴时期更加纯正，此时古典文化代表着宫廷文化，象征着君权，代表着永恒，更强调理性、清晰和秩序性，并且这些发展成为不可冲破的教条。例如，卢浮宫纵三段横五段的划分，各部分之间有着一定的比例关系，整个建筑立面几何性强、秩序性强。

图 5.18 宝公塔（作者 摄）

图 5.19 原江苏邮政管理局大楼顶部的圆顶（作者 摄）

法国古典主义建筑，屋顶多采用孟莎式，又译芒萨尔式[1]，是西欧古老的木结构屋顶，是法国从文艺复兴时期到古典主义时期典型的屋顶形式。孟莎式屋顶，四坡两折，下部陡，而上部陡度突然转折变得平缓，与外墙结合用对称造型，具有斜屋顶快速排水的功能，一般利用屋顶空间做成阁楼，下段开老虎窗，既促进了室内空气流通，又体现了法式建筑的恢宏气势，同时增强独栋殿堂感。

5.3.6 小结

建筑除了满足人的基本需求，也反映了其所处时代的经济、文化、政治等。屋顶作为建筑重要的构成元素，是建筑形象中最具表现力的部位。屋顶通过自身的形态特征向人们传达着建筑的风格、建筑蕴含的各种情感，同时，也对建筑室内外的空间产生巨大的影响。

以上五种建筑屋顶是西方艺术流派、精神文化的体现。其中，罗马式、哥特式、巴洛克式建筑屋顶线条突出，几何结构感强烈，造型、色彩及装饰元素都具有鲜明的特色。

建筑艺术是凝固了的文化，屋顶艺术包含了世界各地不同地理环境下的历史、政治、人文因素，折射出建筑之外的哲学、人类学、伦理学、美学等范畴的文化系统以及动态发展的情况。因而，屋顶艺术也是建筑艺术的代表性体现。

1. 弗朗索瓦·芒萨尔（1598—1666）是17世纪中叶法国巴洛克建筑风格时期建立古典主义风格的主要建筑师。尽管这种屋顶并不是他设计的，但因他的努力而使该屋顶广为流传，因此人们用他的名字来称呼这种屋顶。

5.4 西式窗户

最有代表性、最有特点的西式窗户是在宗教建筑中。窗户不仅用于追求光影的营造、宗教文化的传承，更重要的是以窗户的装饰艺术来辅助教义对信徒精神世界的教化、感染和提升。尤其是哥特式建筑中的玫瑰窗、柳叶窗，这些玻璃花窗创造了美妙神秘的建筑艺术效果。除此之外，西方建筑的不断演进和变化，也逐渐发展出很多的窗户造型，有的在南京民国建筑中得到了应用。

5.4.1 老虎窗、烟囱和排气孔

在南京的民国建筑中，部分建筑存在一个重要特征，体现在屋顶的细部，即从外观上看，往往有突出于屋顶之上的老虎窗、烟囱和排气孔。这些造型是西方建筑的特点，代表了建筑使用群体的生活起居、饮食习惯等功能需求。

1. 老虎窗

老虎窗，又称老虎天窗，是传统欧式建筑常见的屋顶窗形式，是在斜屋面上凸出来一个窗口，用作房屋顶部的采光、通风。1843 年上海开埠后，英国人、法国人最早来到上海开展贸易活动，他们也带来了英式、法式的建筑和生活居住方式，就包括这种窗户形式。

从近代中国历史来看，20 世纪 20 年代后，随着早期租界城市（如上海）中外人口的增多，住房困难加剧，上

海人利用"石库门住宅"的二楼空间较高以及有斜屋顶的特点，在二层与屋顶之间加建阁楼，为满足阁楼的采光和通风需求，在屋顶上开窗，这种窗被称为"老虎窗"[1]。近代租界城市的发展，不仅让老虎窗这样的形式出现在民国建筑上，其他一些突出的、具有实用主义元素的建筑构造形式，也受到国人的认可与接纳，在之后的中西风格建筑上得到再现。

南京颐和路十二街区的很多别墅、洋楼，屋顶的老虎窗都非常有特色（图 5.20）。

图 5.20 颐和路民国建筑的老虎窗（作者 摄）

其实这是法国古典主义建筑风格、英式建筑风格的元素，被借鉴运用到民国建筑上的一个典型体现，发展至今，这种"老虎窗"也不再是民国建筑的专用符号，它也成为现代建筑风格的一个重要标志。南京民国建筑最初设置老虎窗是因为江南梅雨季节气候潮湿、夏季闷热，老虎窗的开设便于通风与除湿，体现了气候因素对建筑功能、造型的影响。

1. 杨晓 . 浅谈建筑中的老虎窗 [J]. 建材技术与应用, 2015 (4):27-29.

2. 壁炉、烟囱

人们常会在西方电影中，尤其是有古堡、城堡、美式乡村建筑的影视剧中，看到壁炉、烟囱。如今的欧洲虽然大多为发达国家，但是这种简易直接的建筑取暖方式依旧在使用，或者作为重要的装饰。

在西方，根据不同国家的文化、习俗，壁炉的造型各异，有芬兰风格壁炉、俄罗斯风格壁炉、美式壁炉、英式壁炉、法式壁炉、西班牙风格壁炉等。壁炉在寒冷季节长的北欧国家普及程度更高。

壁炉的基本结构包括壁炉架、壁炉芯和烟道。西方建筑中，壁炉架起到装饰作用，壁炉芯有实用功能。近年来，国内室内装饰中也有安装壁炉的，主要是体现欧美装饰风格，并无实用意义。

西式建筑风格，尤其是美国乡村风格、美式别墅风格、西方现代风格，在民国城市建设黄金十年中，得到了广泛推广应用。许多官邸、别墅、私宅和一些公共建筑物内部，在靠墙处都砌有生火取暖的设备——壁炉。之后，壁炉成为南京民国建筑内部的一个重要装饰元素，显得温暖、高雅。此外，由室内壁炉而滋生的烟囱、排气孔突出于建筑物屋顶之上，这样的民国建筑有很多，如拉贝故居、宋子文公馆、马歇尔公馆、东箭道行政院办公楼、利济巷慰安所旧址等。

拉贝故居，位于南京大学鼓楼校区南园，1932—1938年，德国商人约翰·拉贝在这里居住生活。建筑为西式砖木结构，灰砖红瓦，素洁的白色窗套，屋顶上有老虎窗、烟囱（图5.21）。

5.4.2 玻璃花窗

据考证，人类最早制造玻璃是在五千年前，一般认为古埃及人是这一人类文明的始创者。公元1世纪，罗马成为玻璃制造业的中心。罗马帝国在酒具、建筑、手工艺品等方面展现出熟练的玻璃制作工艺，已经有了吹制、吹模、切割、雕刻、镂刻、缠丝、镀金等生产环节。到了11世纪，德国

图 5.21 拉贝故居屋顶上的老虎窗、烟囱（作者 摄）

人发明了人工吹筒摊片法（平板玻璃制造法），可制造出平整的平板玻璃。这种技术被 13 世纪的威尼斯工匠继承，玻璃制品也成为此地贸易活动中的热销商品。此后，玻璃逐渐被用在建筑物的窗户上，最典型的就是中世纪教堂里的彩色玻璃，那时候的玻璃价格很高，高等级、高规格的建筑上才能使用这种彩色玻璃。当日光透过彩色玻璃，形成美轮美奂的光影效果，实现从色彩上改变、强化建筑的活跃性。早期玻璃花窗多以圣经故事为主要内容，以光线配合图案感动信徒、震撼人心，提高神圣性。

13—15 世纪的哥特时代，花窗彩色玻璃成为哥特式教堂的显著特征之一。花窗虽然是玻璃的，但教堂里面的人却无法看清外面，唯有光线能照射到建筑内。花窗的作用主要有：（1）通过自身材质和光线构成的哲学，为显而易见的事物和暗含其中的意象搭建了平台，构成了明与暗、可视与不可视之间的对话。也就是说，弥漫的光线使教堂呈现一种神秘灿烂的景象，步入教堂犹如进入天堂，让人自觉虔诚起来。（2）绝大部分玻璃都绘刻有圣经故事、圣徒神迹、地方传说……还有各种科学、艺术主题，从而直接给予百姓启蒙、教化；在人们的视觉感受中，对比烘托出天国的奇幻，把宗教诠释得更加肃穆、神秘、神圣，更容易使人们的心灵受到震撼，达到宗教的目的。（3）大型花窗往往有十几米高，有的甚至高达数十米，实际已被视作墙体，这种"墙体"明显减轻建筑的整体重量，教堂也就可以越建越高。

花窗一般分为圆形的玫瑰窗与长形的柳叶窗，颜色以红蓝为主。

中世纪，教堂正门上方的大圆形窗，内呈放射状，镶嵌着美丽的彩绘玻璃，因为形似玫瑰花而得名玫瑰花窗（17世纪前叫轮辐窗）。玫瑰窗是哥特式建筑的重要特征之一。最有代表性的是法国巴黎圣母院的玫瑰窗。2019年4月15日，巴黎圣母院大火，教堂内的三个大玫瑰窗幸免于难。

玫瑰窗的图案大致分为两种，一种讲述宗教故事和神的历史，另一种则运用抽象的形状表达宗教象征。哥特式建筑上的玫瑰窗，不仅是传递光线的载体，也是精神、意识的传递者、代言人。

柳叶窗是指那些又高又窄且顶部带尖拱的窗户，最高可达几十米，也是哥特式建筑的重要特征之一。它既可以单块出现，也可以多块呈现。一般来说，柳叶窗具有鲜明的色彩，并不注重窗饰，但也有在窗顶切分成四叶形或组合成特定形式的情况。

在我国，玻璃花窗被称为"彩色玻璃拼花窗"。彩色玻璃的构造工艺十分繁复，而且对设计和安装技术的要求也很高。教堂的大型花窗，实际上承担了"墙"的功能，是可采光、可装饰的"墙"，这可能是现代建筑中落地窗、玻璃墙的来源。

在南京民国建筑中，这种玫瑰花窗还是很少见的，偶有柳叶窗造型，如南京莫愁路基督教堂，其采用了经过简化设计的柳叶窗，未使用彩色玻璃。落地的高窗具有极强的透光性，与灰砖外墙结合，形成素雅、大方的风格（图5.22）。

西方建筑的窗户，从罗马式建筑的小窗户，逐渐变成大窗户、高窗户，这种演变也影响着现代建筑设计、装饰设计等活动。门窗是建筑上的重要组成部分，因而，建筑艺术必

图 5.22 南京莫愁路基督教堂的窗户造型（作者 摄）

须重视研究门、窗的建造技术和发展。

　　通过对西方建筑中柱式、拱券、屋顶、门窗等构件的介绍和论述，尤其是南京民国建筑对这些元素的运用，充分证明了西方建筑有很多优点值得借鉴、学习和引用，也证明了中西建筑艺术文化融合发展的重要性和必要性。

　　东西方建筑各有其独特的美学，了解和掌握中西方建筑各自的优势，在新的时代不断创新，就可以将西方建筑中的优秀元素引用到我们的建筑文化中来，为未来建筑发展探路。

06

第六章

色彩・艺术

色彩学理论认为，色彩可以影响人的心理、行为，让人产生不同的情绪、情感表现。因此，我们在对色彩进行分析和应用时，要进行必要的甄选。对于南京民国建筑色彩体系的研究，这里有必要提到两个典型的文献。一个是朱飞、张晖[1]的《南京民国总统府建筑群色彩谱系研究》一文，其以南京民国总统府建筑群为研究载体，从色彩分布、各类构件色彩特征、色彩等级、明度和色相规律等角度分析南京民国政治建筑的色彩谱系，并运用现场实体色彩取样的方法，分析建筑色彩的主体色和辅助色，研究南京民国政治建筑的色彩特征及构成情况，通过以上方法归纳提取出了南京民国建筑的色彩特征和表现形式，建立了色彩数据资料，为研究、保护及修复历史建筑色彩提供现实数据资料和参考依据。另一个是张颖泉、吴智慧[2]的《民国时期政府办公家具及室内空间的色彩模型分析》一文，其从色彩学的视角揭示民国时期政府办公家具及室内空间的设计风格和特征，并为当代"民国风"家具及室内空间设计提供科学依据，以南京国民政府总统府和行政院的五个典型办公室为样本，运用 Lab 和 HSB 色彩模式，采用实物－图像色彩转移与分析方法，对每个办公室中的办公桌、书橱、椅子、地板、木质墙裙、涂料墙裙和窗帘等部分的色彩进行测量，得出民国办公室家具及室内空间各样本的色彩测量数据，根据这些数据再从办公场所和设计要素的维度，对民国时期政府办公家具及室内空间的色彩特征和二维色彩综合明度进行系统分析。由很多建筑色彩的文献研究可以看出，对建筑内、外环境色彩的研究是很有必要的，也是设计元素体现的关键一环。

1. 朱飞，张晖. 南京民国总统府建筑群色彩谱系研究 [J]. 包装工程，2018，39（24）：301-308.

2. 张颖泉，吴智慧. 民国时期政府办公家具及室内空间的色彩模型分析 [J]. 林业工程学报，2017，2（6）：150-156.

6.1 屋顶色彩的新天地

6.1.1 建筑屋顶瓦色彩的艺术语境

我们知道，在封建社会，皇权、等级制度等对建筑的色彩有严格的使用限制。

国民政府定都南京之后，这种将色彩的使用加入等级制度中的现象被打破了，出现了颜色丰富多样的建筑外立面色彩。尤其是民国建筑中的传统宫殿式风格的建筑，屋顶色彩不再仅是黄色、青色，还有绿色、蓝色、红色等琉璃瓦、瓦当的使用。

流光溢彩的琉璃瓦一直是建筑陶瓷材料中经常使用到的材料。"琉璃"一词发源于四大文明古国之一——古印度的语义中，琉璃属佛家"七宝"之一，随着佛教文化向东传播，在交流中，琉璃出现了多种颜色。将琉璃施以各种颜色釉，在较高温度下烧成上釉瓦，被称为琉璃瓦。历朝历代的官式建筑上，造型多样、釉色多彩、耐用的琉璃瓦深得建筑师们的推崇、喜爱。

早在南北朝时期，古代建筑就常用琉璃瓦作为建筑构件、装饰物，元朝时皇宫大规模使用琉璃瓦，明代十三陵也是用琉璃瓦建造的，可见，封建皇权阶层的建筑，对琉璃瓦的使用还是非常重视的。至明清时期，白石台基，红色墙柱门窗和以青绿冷色为主调的金碧交辉的仿梁彩画，黄、绿色琉璃瓦屋顶组合起来，使得建筑流光溢彩、绚丽夺目。像这种带有琉璃瓦的传统宫殿式建筑形式，南京民国建筑中运用的有很多，如原金陵女子大学建筑群、原励志社、原中央体育场、国民革命军阵亡将士公墓纪念馆、原铁道部建筑群等。

6.1.2 民国建筑屋顶色彩的解读

传统宫殿式建筑，其屋顶的彩色琉璃瓦是很醒目的，有别于普通的瓷砖，它的陶瓷管状瓦、平板瓦、屋脊瓦和檐瓦都涂有黄、绿、蓝和黑色的薄而细的釉料，不仅使得建筑屋顶具有耐用、美观、色彩丰富的优点，也成为我国近代民族建筑色彩的特征之一。南京民国建筑中有很多纪念类型的建筑采用了传统宫殿式风格，这种风格最显著的特征就是屋顶，除了屋顶的造型，最亮眼的就是屋顶瓦片的色彩。

1. 蓝色系屋顶

蓝色代表博大胸怀、永不言弃的精神，或者和谐世界。蓝色是永恒的象征。

在民国建筑中，屋顶常使用蓝色琉璃瓦，如中山陵（图6.1、图6.2）、紫金山天文台、行健亭等。

灵响亭，位于紫金山灵谷寺景区入口大门西边，始建于1934年，为六角重檐攒尖顶，蓝色琉璃瓦覆顶，内部梁架施以彩画，为国民革命军阵亡将士公墓大门前的待祭亭（图6.3）。

南京梅花山被称为"天下第一梅山"，位于南京钟山风景区南部边缘，明孝陵景区内。观梅轩，位于梅花山景区内，建筑屋顶为重檐歇山顶，蓝色琉璃瓦覆面，红色柱子。建筑四周有砖砌围栏，内外部的建筑彩绘也很丰富（图6.4）。

2. 绿色系屋顶

绿色代表希望、安全、平静、舒适、生命、宁静、自然、环保等。绿色的种类很多，如草绿、军绿、橄榄绿、祖母绿、墨玉绿、碧绿等。在性格色彩中，绿色代表和平、友善、善于倾听、不希望发生冲突的性格。

图 6.1 中山陵陵门的蓝色屋顶（作者 摄）

图 6.2 中山陵祭堂的蓝色屋顶（作者 摄）

图 6.3 灵响亭（作者 摄）

图 6.4 梅花山的观梅轩（作者 摄）

　　在南京中山陵园风景区内，陵园新村五岔路口处，藏着一座有近百年历史的邮局——陵园邮局，于 1934 年建成。该处建筑有绿色琉璃瓦屋顶、古朴大气的拱门、雕刻有梅花和卷草纹饰的中式柱栏（图 6.5）。

　　现在的灵谷寺指 1928—1935 年在原寺址上扩建而成的国民革命军阵亡将士公墓。灵谷寺大门为一座三拱门，屋顶为绿色琉璃瓦，两侧是红墙。灵谷寺内国民革命军阵亡

图 6.5 原陵园邮局大门 （作者摄）

将士牌坊上的屋檐用的也是绿色琉璃瓦，座基外镶花岗石。中间的坊额一面刻着"大仁大义"，另一面刻着"救国救民"，为张静江（国民党四大元老[1]之一）手笔（图 6.6、图 6.7）。

　　除了体量较大的建筑之外，在一些小型的纪念建筑上，也能见到绿色瓦屋顶，如灵谷塔。灵谷塔是南京地区最高最美的八面九层宝塔，塔高 66 米，为花岗石和钢筋混凝土混合结构。始建于 1931 年，1933 年建成，时称国民革命军阵亡将士纪念塔，俗称九层塔。这座新颖别致的宝塔，每层均以绿色琉璃瓦披檐，外面围以花岗石走廊，塔的中间建有螺旋形扶梯，可沿梯 252 级直登九层。到了秋季，去灵谷塔俯瞰山间斑斓秋色，令人心旷神怡。

　　此外，绿色屋顶的建筑还有原国民党中央监察委员会办公楼、原国民政府考试院大门的门楼、考试院内武庙大殿、原铁道部建筑群。

3. 红色系屋顶

　　自民国初期，红色的釉瓦开始在南京的建筑上出现且越

图 6.6 灵谷寺大门（作者 摄）

图 6.7 国民革命军阵亡将士牌坊（作者 摄）

来越多。在人们的记忆中，常见的屋顶大多是灰黑色的，极少数房屋、建筑也使用经过砖窑烧制的大小青砖、板瓦、琉璃瓦。在国人看来，红屋顶寓意红运当头、好日子、红红火火。红屋顶能够给建筑带来生机活力，提升居者的幸福感。

1891 年 6 月 14 日，清政府在胶澳设防，青岛由此建置。六年后，德国以"巨野教案"为借口侵占青岛，青岛沦为殖民地，后将青岛开辟为自由港，青岛迅速发展起来。为将青岛打造成德国在远东的模范殖民地，其对青岛城市建设进行了长远规划，极大地促进了近代青岛的发展。在 1901 年德国占领青岛时期，出台《城市规划》，规定此后建筑屋顶不再使用瓦垄铁屋面，改用红色的陶土瓦，这奠定了青岛百年的城市颜色。与青岛一样，自此后，国内很多城市的租界、别墅区、城市居住区和商业区，大多开始使用红色系屋顶。在那段西洋文化与中式文化交融的岁月里，国内的建筑风格又融合了欧式、法式，与红屋顶相得益彰，别有一番风味，至今，仍影响着现代建筑的屋顶色彩使用。

在南京很多民国建筑中能见到红屋顶，如民国时期的联欢社，是以公务员为主体的官方俱乐部，现为尚美学院的办公楼。其于 1913 年修建，国民政府定都南京后，这里曾经是民国政府公务员聚会、联欢的场所。原有建筑物六幢，后因道路拓宽有拆除，现存西式黄色二层建筑一幢。小楼整体为砖木结构，所有的窗户都是下方上圆的红色圆拱形玻璃窗。屋顶为"人"字形，铺红色筒瓦。该处建筑多年来一直在修复和维护，如今仍在使用之中。

原国民党中央党史史料陈列馆，现为中国第二历史档案馆。该建筑由杨廷宝设计，1936 年建成。档案库房、阅览大厅和业务大楼等建筑均为后期仿照宫廷建筑风格建成，重檐歇山顶，屋顶用红色砖瓦铺成。建筑外观庄重宏伟，内部装饰有菱花门窗、天花藻井、沥粉彩画。现在，许多建筑屋顶颜色的使用，黄色、绿色、蓝色等较少，红色瓦、灰色瓦的屋顶则很常见（图 6.8）。

扬子饭店的屋顶采用红色的孟莎式造型，属法国古典主义风格，现为颐和扬子饭店。建于 1912—1914 年，建造者是英国人柏耐登，建成初期名为法国公馆，后改为扬子饭店。整幢古堡的外部使用了十万块明代城墙拆下来的砖建造，砖上刻有烧砖工匠的信息，是南京唯一的"西洋古堡式民国建筑"。该建筑造型为法国 17 至 18 世纪的式样，处处散发着古朴典雅的气息，于 2016 年 1 月修缮完毕，次年恢复为原本酒店的功能开业（图 6.9）。

色彩代表了不同建筑的外在形象和内在精神文化。因而，屋顶的色彩必须综合考虑、择优选用，既要有一定的内涵，也要有良好的视觉效果。

图 6.8 原国民党中央党史史料陈列馆的屋顶（作者 摄）

图 6.9 颐和扬子饭店的屋顶（作者 摄）

6.2 立面色彩的解析

南京民国建筑的色彩较多，由于风格、建造时间、重修等原因，出现了固定色彩体系的现状。当然，也不能将民国建筑的色彩一概而论，说成是青砖灰色、蓝瓦色、红色、黄色等某几种固定颜色。建筑的颜色与它所依附的建筑本身艺术的体现，是建筑文化艺术的符号之一，中西方不同风格的建筑的色彩，就应该有其本来的属性和代表意义。

从外观上看，民国建筑也有着易于从外墙色彩角度辨别的重要特征，如青灰色砖清水墙面、褐色砖清水墙面、灰色水泥斩假石墙面和浅黄色拉毛粉刷墙面等。这些建筑色彩的运用，是建筑设计的要素之一，值得人们重视和关注。

6.2.1 黄色系外墙的分析

黄色是一种暖色，它有大自然、阳光、秋天的含义，通常被认为是一种令人愉快、充满希望和活力感觉的色彩。在我国古代，黄色是极其高贵的色彩，是皇家御用的颜色。黄色常被看作君权的象征，自宋朝以后，明黄色是皇帝专用颜色，以黄为贵的观念深入人心。

南京民国建筑外立面对乳黄色情有独钟。使用乳黄色墙面的有何应钦公馆、大华大戏院、宋子文公馆、孙中山故居、陈诚公馆、胡琏公馆、周至柔公馆、孙科公馆、熊斌旧居、国民党陆军炮兵学校旧址大门、紫金山天文台牌楼、国民革命军阵亡将士公墓牌坊等。

熊斌旧居，建于 1934 年，院落内建有砖木混凝土结构的楼层 1 幢，附属平房 4 间。主楼坐东面西，外墙面乳黄色拉花，屋顶呈"人"字形，多坡面交错，具有典型的西式建筑特色（图 6.10）。

原何应钦公馆，现为南京大学使用。建筑重建于 1946 年，规模较大，为中西合璧式建筑风格。现仅余 3 层的主体楼房 1 栋，坐北朝南，正面有 5 个并列的拱门，其后为门廊。整个建筑构思精巧，外立面为乳黄色，顶部则覆盖着蓝色琉璃瓦（图 6.11）。

图 6.10 江苏路 27 号熊斌旧居（作者 摄）

图 6.11 原何应钦公馆外立面墙体（徐振欧 摄）

大华大戏院，始建于1935年，由基泰工程杨廷宝设计，是一座中西合璧式的建筑，前大厅设计独特、国内仅有。外部造型为现代派风格，黄色系外墙，正立面上层有招牌幕墙和采光高窗；建筑入口内有12根传统建筑造型的大红圆柱，天花、墙壁、梁枋全部施以彩绘，栏杆扶手上有传统雕饰，充满浓郁的民族风格，有宫殿式建筑的内部形象（图6.12~图6.14）。民国建筑外立面的黄色系不是单一使用的，常与灰色、白色等搭配使用。

6.2.2 红色系外墙的分析

红色的代表意义有喜庆、幸福、奔放、热烈、斗志、豪放、勇气、革命、激情澎湃等。

红色的种类有很多，有大红、铁锈红、赭红色、玫瑰红、暗红、粉红、朱红、嫣红、枣红、橙红等，南京民国建筑外立面使用的红色（不是大红色），经常与乳黄色、白色、灰色等搭配使用。

在南京，历经多年修缮，外立面依旧是红色系的建筑有民国首都电厂、小红楼、联欢社、中山码头、中央地质调查所旧址、国民政府资源委员会旧址、中央饭店等。

图 6.12 大华大戏院外立面墙体（作者 摄）

图 6.13 大华大戏院内部色彩实景（一）（作者 摄）

图 6.14 大华大戏院内部色彩实景（二）（作者 摄）

　　小红楼，此建筑为西式竖三段构图，大门处有希腊柱、西式花坛，现有建筑外立面色彩为浅乳黄色、浅赭红色相间。始建于 1928 年，1930 年扩建，作为津浦铁路局的办公用房。1949 年后，为南京下关发电厂厂长办公楼（图 6.15）。

图 6.15 小红楼（作者 摄）

中山码头又称下关码头，曾名津浦铁路（1912 年通车）首都码头，是一座有近百年历史的渡轮码头，1928 年 8 月竣工。这里曾是繁华的交通枢纽，是民国时期南京船运、陆运的汇集之处。中山码头建筑造型简洁大方，外立面色彩明快，砖红色与白色相互辉映体现了中西结合的风格特征，给人舒适的视觉感受（图 6.16）。

中央饭店，位于总统府景区南侧，始建于 1929 年。建筑高四层，结构方正，具有典型的欧式建筑风格。建筑正中为阁楼式，顶部为"人"字形阁楼，两翼对称。外墙面以红色为主，搭配白色的装饰线条，设有窄而高的窗户及镂空的铁质栏杆，整个建筑醒目而庄重，历久弥新（图 6.17）。

6.2.3 褐色系外墙的分析

褐色，也称赭色、咖啡色、茶色，是处于红色和黄色之间的一种颜色。

在南京民国建筑中，采用褐色砖清水墙面的有原中央医院、原国民政府卫生部、原国民政府外交部大楼、中南银行南京分行旧址大楼等。

原中央医院，目前大楼的外墙为浅褐色，因建筑年代久远或者经历过整修，颜色可能与最初有偏差（图 6.18）。

原中南银行南京分行旧址大楼，外墙采用褐（黄）白相间的泰山石，呈浅褐色，是砖体本身的颜色，给人以沧桑感（图 6.19、图 6.20）。

6.2.4 灰色系外墙的分析

灰色大致可以分为深灰色和浅灰色。灰色属于无彩色系，采用灰色的设计不论是外观还是室内，都是为了让其他颜色或装饰更加突出。

民国建筑最大的特点之一，就是开始使用水泥，水泥属于灰色系，因而，很多建筑的外立面主体呈灰色。南京民

图 6.16 中山码头（徐振欧 摄）

图 6.17 中央饭店外墙颜色（詹庚申 摄）

图 6.18 原中央医院大楼外墙颜色（作者 摄）

图 6.19 原中南银行南京分行旧址大楼外墙（作者摄）

图 6.20 原中南银行南京分行旧址大楼砖的颜色（作者摄）

国建筑中，使用灰色水泥斩假石墙面的有原国民大会堂（图6.21）、原"国立美术陈列馆"（图6.22）、原行政院办公楼等。此外，灰色外立面的建筑还有金陵女子神学院旧址、原"国立中央大学"大礼堂、交通银行南京分行旧址、上海商业储蓄银行南京分行旧址、基督教莫愁路堂、原国民政府交通部大楼等。

原国民大会堂、原"国立美术陈列馆"外立面的颜色其实是石材本身的颜色，可以叫青灰色。原金陵女子神学院的建筑外墙颜色也是青灰色，但所用材料与前述两者不同（图6.23）。

中华书局，是由近代著名教育思想家、出版家陆费逵（1886—1941）先生1912年在上海创办的。中华书局南京分店是1935年设立的，现为古籍书店。建筑入口曾在20世纪90年代做了改造，为中式挑檐门头，建筑外墙也改变了颜色，遮挡了原门额石匾。现已才恢复原貌，外墙为水泥灰色，建筑主体保存完好，风格古朴、厚重（图6.24）。

图 6.21 原国民大会堂的外墙颜色（作者 摄）

图 6.22 原"国立美术陈列馆"外墙颜色（作者 摄）

图 6.23 原金陵女子神学院外墙颜色（徐振欧 摄）

图 6.24 中华书局南京分店旧址（作者 摄）

6.2.5 砖青色外墙的分析

青砖灰瓦，是我国传统建筑中基本的建筑材料，已经伴随了我们几千年。青砖的颜色、质感，给人以素雅、沉稳、古朴、自然宁静的感觉。从材料的功能上来讲，青砖具有透气性、吸水性、抗氧化等诸多特点，千百年来一直是构成建筑的主要基础元素，是房屋墙体、路面铺设甚至艺术装饰（如砖雕）的重要材料，如今也备受国人青睐。青砖天然带有青色，在历朝历代都是建筑的首选，不仅在庙宇中经常可以看到，辉煌的皇宫、宫殿等也都会采用这种材料。民国时期，人们对仿古青砖的喜爱盛极一时。南京使用青灰色砖清水墙面的建筑有中华中学（育群中学旧址）（图6.25）、赛珍珠故居、中华书局南京分店旧址、原国民政府立法院、梅园新村等。作为一种常见的建筑材料，清水砖墙在民国时期曾被广泛应用于各种类型和用途的建筑之中，公共建筑、私宅等都有使用。

图 6.25 中华中学的青砖清水墙（詹庚申 摄）

　　赛珍珠故居，现为赛珍珠纪念馆。赛珍珠，美国女作家，1938 年获得诺贝尔文学奖，在原金陵大学任教。建筑始建于 1912 年，砖木结构，地面二层，四坡顶，青砖外墙。楼顶建有老虎窗，大门口建有雨棚，以四根古典风格的圆形立柱支撑，是一幢具有典型西洋风格的小洋楼，很有纪念意义（图6.26）。

图 6.26 赛珍珠故居外墙的青砖（徐振欧 摄）

原国民政府立法院、监察院旧址，建于 1937 年。建筑为中西合璧风格，钢筋混凝土结构，屋顶为歇山顶，正门为西式凸出门廊，青砖平瓦，外墙面主体为青色，衬托得建筑愈加庄重、大气（图 6.27）。

梅园新村，位于南京长江路东端，多座民国青砖小楼坐落于此，使这条街形成了宁静的氛围。目前，梅园新村是南京重要近现代建筑风貌区，是民国时期住宅区，现存 33 幢民国建筑，多为二层，砖混结构，青砖墙面，多折屋顶。这些建筑的外立面使用的是青砖，青砖的颜色实际上是灰色，之所以称它为"青砖"，是借以比喻这种砖清纯无色。实际上，"青砖"应为"清砖"。

图 6.27 原国民政府立法院、监察院旧址（作者 摄）

　　梅园新村 30 号、35 号和 17 号是中国共产党代表团办事处旧址。1946 年 5 月至 1947 年 3 月，周恩来、董必武带领的中国共产党代表团在这里同国民党政府进行了近一年艰难、危险的和平谈判，对解放战争取得胜利起到了很大的促进作用。梅园新村建筑群的风貌，真实地反映了民国时期该片区南京上层市民的居住环境和建筑特色（图 6.28、图 6.29）。

图 6.28 梅园新村 35 号建筑（作者 摄）

图 6.29 梅园新村 30 号建筑（作者 摄）

6.3 建筑彩绘的艺术表现

在我国，等级高的传统建筑上，常会见到彩画，其施工过程相当复杂，美术和艺术的要求很高。清代把刷色涂油漆称为"油作"，这不仅使木质建筑构件格外鲜亮、明丽，而且降低了木质构件被虫蛀的风险，还有防腐、防水、防风化等功能。

清式彩画分为和玺彩画、旋子彩画、苏式彩画。其中，和玺彩画是清殿式彩画中等级最高的一种。据史料记载，明代中期以前尚无此种彩画，出现和成型是在明末清初，又称宫殿建筑彩画。和玺彩画，多出现于封建社会统治阶级使用的建筑上，彰显华贵，体现威严。故宫太和殿梁枋上的彩画都是和玺彩画，给人绚丽多彩的视觉感受。

彩画与西方建筑中的雕刻艺术都丰富了建筑的形式美，是人类共同的装饰行为。

6.3.1 旋子彩画

旋子彩画，是清式彩画的一种，在等级上仅次于和玺彩画，皇家建筑和官式建筑上都可以使用，因而最为广泛。旋子彩画产生的年代较早，明代基本定型，清代花纹和色彩趋于统一。

旋子彩画因藻头绘有旋花图案而得名，其主要绘制于建筑的梁和枋上，绘制在梁枋上的彩画画面分为三段，中间是枋心，两边是藻头和箍头。旋子彩画的色调主要是黄色（雄黄玉）和青绿色（石碾玉），用金色和墨色勾线，旋子花心用金色填充。建筑彩画像是给建筑穿上了华丽的锦服，让木作建筑有了夺目的光彩，不仅看起来美观，而且具有防腐、防蛀的实际用途。

南京民国建筑中，使用旋子彩画的建筑有不少，如原华侨招待所。这里是民国时期国民政府侨务委员会的招待所，位于中山北路 81 号，今为江苏议事园酒店。原华侨招待所是一幢三层的宫殿式建筑，庑殿顶，外墙有混凝土仿中式立柱，入口设卷棚顶抱厦，雕梁画栋，飞檐翘角。虽经多次改造、修缮，但建筑内外部大多数功能和设置没有变化，民国建筑特色依旧（图 6.30 ~ 图 6.33）。

行健亭，始建于 1931 年 4 月，位于陵园大道与明陵路相接处。方形红柱、蓝色琉璃瓦、双檐攒尖顶的行健亭，在葱葱郁郁的树木之间，显得格外鲜亮、夺目。亭内横梁、额枋、藻井、雀替都施以彩画，在万绿丛中，光彩熠熠，令人不禁赞叹建筑的精妙（图 6.34、图 6.35）。

图 6.30 原华侨招待所建筑入口（作者 摄）

图 6.31 原华侨招待所建筑外观（作者 摄）

图 6.32 原华侨招待所建筑上的彩画（作者 摄）

图 6.33 原华侨招待所室内彩绘（作者 摄）

图 6.34 行健亭（作者 摄）

图 6.35 行健亭内顶部彩画（作者 摄）

国民革命军阵亡将士公墓松风阁额枋、屋檐上的是新样彩画，用旋子彩画的三段式布局，中间宝剑头方心，两端素色箍头，小藻头部分多了"К"字轮廓线，只填充颜色，不绘纹饰。藻头部分青绿交替，岔口与"К"字轮廓线刷白色，方心部分红绿交替。虽是新样，但颜色搭配和谐、亮丽（图6.36、图6.37）。

中央体育场旧址内，原中央体育场游泳池更衣室等处的彩画，使用了蓝色、绿色、白色、赤色。烟琢墨石碾玉（墨线雄黄玉），在旋子彩画中等级很高，轮廓大线沥粉贴金，旋眼、菱角地贴金，旋瓣退晕。方心图案为红色的宝珠吉祥草和八瓣菊花龟背锦，两侧短方心内图案由卷草西番莲构成方胜纹。华板纹饰采用天花彩画构图，中部圆鼓子内，缠枝西番莲环绕一只红色蝙蝠，岔角云做成类似蝙蝠的轮廓。

原中央博物院大殿，两边的墙体采用青砖，中间的列柱为大红色，还有暗朱红色木门，大殿的屋顶为棕黄色琉璃瓦。在主体的青砖所构成的稳重氛围中，红色作为出挑的颜色，与棕黄色琉璃瓦互相参照，既符合传统建筑的颜色组成，又醒目大方。天花、天花板是对装饰室内屋顶材料的总称，即现代的室内顶棚或吊顶的位置，而天花彩画，是建筑彩画工艺之一。原中央博物院大殿内的天花彩画非常漂亮、炫目。图6.38、图6.39为大殿中梁、柱的彩绘以及天花彩画。

美龄宫的主体建筑是一座三层重檐歇山宫殿式建筑，顶覆绿色琉璃瓦。主体建筑为钢筋混凝土结构，地下一层、地上三层。采用传统大屋顶，屋檐之下装饰有旋子彩画，多数为传统花卉、山水以及锦纹图案，绘制精美，体现了极高的艺术水准（图6.40）。

6.3.2 斗拱彩绘

给斗拱进行彩绘装饰称为斗拱彩绘，斗拱彩绘是根据大木彩画来决定的，包括斗拱刷色、斗拱板的彩绘。斗拱结构

图 6.36 松风阁屋檐彩绘（作者 摄）

图 6.37 松风阁彩画中的"K"字轮廓线（作者 摄）

图 6.38 原中央博物院大殿内天花彩画（作者 摄）

6.39 原中央博物院大殿内的藻井（作者 摄）

上的彩绘，是我国古代建筑装饰中最突出的特征之一。它以独特的风格、独特的制作工艺、华丽的装饰艺术效果，让古建筑留下了令人难忘的印象，创造了中国古代建筑独特的艺术美。这里主要介绍斗拱彩绘在南京民国建筑中的体现。

　　原金陵女子大学的北大楼额枋上绘制墨线小点金旋子彩画，方心绘宝珠吉祥草，这也是南京民国建筑上的常见元素。

图 6.40 美龄宫屋檐下的彩绘装饰（作者 摄）

挑檐枋上半拉瓢卡池子，池子内不绘纹饰。斗拱方面，平身科用重拱，柱头科重翘，第一翘偷心造，不设横拱。翼角部分，老角梁端头做菊花头，底面绘黑老，仔角梁端头做的是麻叶云头。原金陵女子大学建筑的斗拱彩绘主要是两色搭配，没有像横梁、额枋、藻井、雀替等那样施以艳丽的色彩，显得格外素净（图6.41）。

对传统建筑来说，建筑物屋檐下的彩画，强化了被遮挡部分的生动性，能引起人们的关注。彩绘也叫"施彩"或"色彩"，之所以要进行彩绘，主要有两个原因：一是彩绘后的建筑能更好地突出庄严的气氛和雄壮的美感；二是可以保护木材，起到防腐、防潮的作用。在实际应用中，彩绘的装饰效果更加突出。

在南京民国建筑中，额枋和雀替是出现频率较高的传统元素，但上面的彩画有所变化，对纹样和色彩进行了简化，易于快速绘制。

传统建筑中的色彩十分丰富，越是等级高的建筑，越是雕梁画栋。南京民国建筑中宫殿式风格的建筑，延续了红、蓝、绿等颜色的梁、柱彩绘，色彩鲜明、对比强烈，具有极强的视觉感染力。

经过以上对南京民国建筑中传统宫殿式风格建筑色彩的研究发现，我国古建筑室内色彩浓烈大胆、油作饱满丰富、意境深邃而含蓄。从建筑艺术角度来看，突出了民族特色与东方魅力。这些建筑艺术元素和表现技法，值得后人传承和学习。

图 6.41 原金陵女子大学建筑上的斗拱彩绘（徐振欧 摄）

6.4 城市色彩的研究与规划应用

　　一座建筑、一个建筑群，在外立面色彩的使用上，要进行充分的思考，形成优雅、适宜的建筑色彩，给人整洁、和谐之感。一座城市色彩体系的形成，要特别注意建筑色彩的设计、使用、管理、维护等，有必要对建筑的外立面色彩体系进行有意识的规划、统筹和控制。

　　近年来，南京特别注重城市色彩的研究与规划应用，为了进一步规范南京市旧区范围内特定建筑外立面的色彩、整洁度，塑造卫生、和谐、有序的城市形象，南京市规划局制定并施行了《南京市旧区建筑色彩规划管理规定》，起到了很好的作用，发挥了应有的实效。从这一点来看，南京的城市规划考虑得很细致，注意到城市外貌、色彩、形象的重要性。建筑外墙的用材和色调对于建筑艺术表现、城市品牌形象与城市文化软实力的彰显，有着重要影响，需要不断加强研究和持续探索应用，最终找到稳定的、可靠的且符合南京历史人文特色的城市色彩体系。

07

第七章

空间·材料

建筑给人们提供工作和居住空间，但随着人们物质生活、精神文化水平的不断提高，大家对于建筑、空间、环境的心理期望，便不仅仅局限于单一的功能性要求，从而产生了一系列的装饰性行为。

在《辞海》中，装饰意为"修饰；打扮"，是美化事物的手段和方式。室内空间是装饰艺术的主要表现领域。人们为了使对象在具备基础功能的前提下更具美感，便会对其进行艺术加工，使其看起来更美观、更符合人的个性需求和居用需要，或者更能表现某种含义或象征，这便是一种装饰行为。

从建筑装饰角度来说，室内设计就是运用建筑美学原理、造型艺术、材料物料、人体工程学等知识、工具，对室内空间进行再创造，从而设计出人性化的、宜人的且适合当时时代背景的室内环境，让建筑焕发生机，体现出文化品位。南京民国建筑中的室内装饰，既有西方现代的风格，也有符合国人自身对空间环境要求的实用之处。在我国室内设计的发展过程中，民国时期的室内空间设计不论是在手法，还是在材料的运用上都出现了新的变化，对后世相关设计的应用、发展有极其重要的借鉴意义。

7.1 室内设计与空间的再造

对于宇宙来说，空间是无边无际、无限的，没有长度、宽度、高度、明暗度；对于一个具体的事物来说，空间是有限的、有边界的，通过长度、宽度、高度、明暗度等要素，可以确切框定其大小、位置、形状。

对人们的生活空间、起居空间进行针对性设计，体现了人们对于空间、时间、建筑、文化、艺术、历史、社会等的意识形态与精神面貌。

7.1.1 室内设计中空间的重要性

人们的日常活动，总会需要占用空间，无论是起居、交际、工作还是学习等，任何一项都需要一个适合这些活动、行为的室内空间、场所。对空间进行设计，不仅是建筑的事情，也属艺术的范畴。而室内空间造型是室内设计要表现的一个重要方面，必须加强思想重视。

对于建筑空间来说，室内是由墙立面、地面、顶面等组成的，室内设计是对建筑构件限定的室内空间的再创造活动。空间是建筑的主体表达，建筑形态取决于空间功能需求。在有限范围内，创造、利用出更大的空间，可以让建筑使用者感受到舒适、愉悦，拥有富于文化品位的室内环境。从另外一个角度来看，室内空间的表现、构思和建设，反映、折射出了设计师、使用者的精神风貌、文明程度和意识形态。因而，建筑的使用者、设计师都很重视室内设计风格、形式、造型和最终的呈现效果以及使用的体验效果。

建筑空间设计是室内设计的基础条件，进行室内设计必须重视利用现有的建筑空间，再结合所处室内空间中人的居住、生活和工作的活动情况、心理需求，进行设定、布局。南京民国建筑中公共建筑室内空间层高较高，高墙裙使用较多；一些居住类建筑，窗户相对较小，但分布较多，以达通风透光之效。

装饰活动是艺术的外在体现，也是艺术在诸多领域的起源。空间设计可以促进人的活动的延伸。设计师根据建筑室内空间的特点，利用设计手法、要素，使整个空间环境的组织有主次之分、虚实之别，让人感受到装饰艺术的魅力。

室内空间设计中通过调整位置、改变造型、选用材料和一定的工艺技术手法，为人们呈现出舒适、美观且兼具功能性的室内新环境，同时反映出房屋主人的精神气质、生活理念。

从心理学的角度来看，空间的魅力是无法抗拒的，纵使人们有时可能忽略它，但室内空间设计的美感和艺术价值最终还是体现在这个动态的、有生命的"空间"之中。空间与空间之中的人，关系是紧密的，构成了一个和谐的生态。

7.1.2 室内设计中空间的表达

室内设计的主题是空间，最终形成的室内空间的设计效果会直接影响人们的物质、精神状态，艺术追求和文化生活，体现人的品位、生活经验和思想境界。

设计者在进行室内空间设计时，除了着重于空间载体功能的布置，还关注对空间载体氛围与情调的营造。在室内空间中，人们往往会被所处的环境触动。在室内空间设计中，通过对整体空间的分析，划分空间，并体现不同的风格，会让人感受到空间散发出的或新奇、或尊贵、或优雅、或活泼欢快、或浪漫、或舒适的空间氛围感受。

无数的理论和实践均表明，室内设计中的空间、氛围营造与巧妙科学的布局，是对使用人空间要求、精神需求、心理需求的高度提炼与释放，它可以集中表现在设计主题、创意构思等方面。当然，这些设计主题、创意构思在创作中需结合室内空间、造型、色彩、材质、采光、灯光、通风等构成元素来完成。建筑师、设计师通过在室内空间设计中营造空间氛围、新的场景，加强人与空间的互动，优化人居品质的体验感并彰显使用者、居住者精神层面的追求。对空间的表达，不是以大、以明亮为好，也不是以或开阔、或玄关重重为妙，建筑空间首要的是满足使用功能、人的活动功能，再者是审美功能、视觉感受功能，最后才是对物理空间的再组织和布局。总之，设计师要营造出一个适宜使用者生理、心理需求的空间环境，使人产生美好的身心触感、视感。一个优秀的设计师就像一个空间魔法师，通过对材料、色彩、光线等要素的再创作，让空间有了一种情感，能够引导人的良好情绪。

7.1.3 南京民国建筑室内空间的组织

民国时期的设计风格，受当时的时代文化以及自然地域的影响较大，在设计理念上具有很强的时代感，同时受传统文化的影响，形成了独具一格的设计美感。

南京民国建筑相较于传统建筑，空间分割多、门多、室内空间层次多的现象已经消失不见，取而代之的是大开间、大空间。颐和路十二片区大部分别墅、名人旧居，整体来看较为注重空间的组织布局，注重空间功能分区的合理化和人性化，以及充分考虑人的实际活动需求，坚持从以人为本出发。比如：（1）大门与客厅之间的距离变短，若客人来访，方便主人及时接待。（2）卧室是日常起居场所，一般在居室中心，多与其他房间相连通、相靠近。（3）餐厅靠近厨房，用餐时更为方便。（4）使用廊道。（5）大小开间的合理布局也凸显了出来。（6）注重层高、开间、进深之间的合理比例，充分考虑人的活动范围、安全。这些人性化的空间组织形式，使得整个空间富有层次，有分有合。

优秀的民国风格建筑，注重对室内空间的合理组织，设计手法更加人性化，让整个空间有层次感。合理、便捷的物理空间布局也是室内设计师所要突出表达的。南京民国时期的公共建筑，其内部空间组织比较合理，多大开间，且在不同功能区、生活区等的划分组织上，向自由、开放、舒适、采光和通风好的方向努力。

7.1.4 南京民国建筑空间的造型样式

民国时期，受西方建筑文化的影响，室内造型、材料装饰从繁复走向简洁，人们开始追求表面少装饰或无装饰的几何造型，图案多、线条多、雕刻多、彩绘多的造型样式被剔除。民国时期的建筑，室内装饰趋于简洁化、实用化，造型多以直线条为主，这与传统建筑装饰的复杂、烦琐是相对的。可以看出，无论平面的设计还是立体的造型，当时的室内设计师们积极打造光洁、简约、整齐的平面和立面，缩减传统装饰的设计元素、装饰符号，营造自由的建筑空间，表现出强烈的时尚感、现代感，受到当时民众的广泛喜爱和追捧。

在民国时期的室内设计中，有很多具有代表性的家具，如手摇电话机、落地时钟、彩色灯罩等。不少人认为，五四运动后人们打破旧制度旧文化的心理迫切，室内设计上也不再追求繁复的造型，崇尚直线条的现代功能主义造型，简约、大气之风变得较为流行，突出爽朗、流畅、时尚的现代感。

随着民国时期南京上层名流、军政商界人士等眼界、消费层次、生活要求的提升，他们对自己生活环境的质量、居住体验和室内空间艺术性的追求逐步提高，因此在营造房屋时希望自己的居室环境更加西洋化，并具有一定的文化底蕴。这种既追求时尚、自由又追寻归属感的心理需求，推动了民国时期室内设计市场的发展壮大，丰富了当时的建筑风格和装饰艺术风格，也对建筑师、室内设计师、工匠们的专业素养提出了更高的要求，只有不断地创新才能紧紧把握住市场的需求，只有具有建筑文化底蕴及敏锐的国际时尚洞察力的室内设计者，才能创造出符合时代需求的、令人过目不忘的室内设计作品。

7.2 南京民国建筑室内通风、采光的
    设计方法

　　从古至今，适宜于人居住的空间对通风和采光都特别重
视，这也是中外建筑设计都强调的要素，南京民国建筑亦是
如此。从风水学来看，适宜的通风、光照都利于居住者的身
心健康。建筑良好的通风及采光，同样也是现代人购房的首
选条件和重要考量，这也是处于北半球、亚热带的南京，大
家都十分关注的。

　　通常，客厅、主卧室的光线是人们对室内采光最重视的
位置。长客厅、少日照的主卧室，都是需要特别考虑的；走
廊、小空间和靠里的房间，光线多不理想，导致屋内昏暗。
如果设有室内窗户向其他空间借光，就能极大改善室内光照
不足的问题，同时还能平衡室内气流，达到良好的通风效果。

　　窗是供室内通风、采光的重要元素。据有关科学统计显
示，窗少或面积太小，都将对室内空间环境产生不利影响，
久居其中不利于人的身心健康。创设合理的开窗面积，才能
保证通风、采光。门、窗、隔断的高低、位置，在室内通风
采光方面，具有重要作用。南京民国建筑室内，多数厨房没
有像西方家庭那样，设计成开放式厨房，但是有半开放厨房，
用来采光的内窗，其实是玻璃隔断，对于厨房这种只希望增
加光线，不要油烟气味流通的空间来说，再适合不过了。

　　对于大多数建筑来说，室内的采光主要来自：（1）太

阳光与天光。可分为顶部采光、侧面采光，一般建筑不会采用顶部采光这种方式。（2）灯光照明。民国时期的城市电力已经较为普及，城市居民的家庭多半使用人工光源照明，有以下几种形式：①直接照明。对于房屋建筑来说，可给空间提供充足的照度，但需防止过高的亮度比，以防浪费能源或刺激、伤害室内人的眼睛。②间接照明。常利用反射灯槽把灯光反射出来进行照明。③混合照明。很多公共空间、商业空间室内多采用这种组合照明的方式。另外，民国时期的室内照明，还没有大量运用面光源，基本都是点光源的照明方式。

室内通风、采光都很重要，若通风规划不完全，室内或小房间很容易使人产生闷热、憋气的感受，不仅会提高电风扇、冷气等能耗支出，而且会影响居者的心情及身体健康。如何营造通风良好的环境，重点就在于空间布局及窗户的设计，以下介绍几种设计方法。

（1）房屋布局以开放式为主。①布局以开放式为主。增大开间，减少墙体，促进空气流通，有更多光线进入，使室内空间更显开阔。②开放式客厅。将庭院与客厅连为一体。颐和路十二片区中很多民国建筑，客厅与大门之间的距离非常近，走出客厅即是院子。客厅与餐厅之间采用开放式设计，在采光与通风方面具有优势。原国民政府立法院、熊斌旧居等很多建筑上都体现了这一点。

（2）落地窗通风、采光效益佳。落地窗的设计能汲取大量自然光，使室内明亮又舒适，这是在玻璃材料大量使用的情况下，室内设计的一个进步。不光是民国时期，现在的室内装饰设计中，人们也热于落地窗的应用，满足人们的身心感受。落地窗主要分为两种形式：①客厅落地窗。面积大、采光效果好，民国建筑上落地窗的造型多半会使用玻璃材料。②卧室落地窗。如果条件允许可在卧室设落地和推拉窗，采光极佳，也能更好地欣赏室外的景观，还能形成对流，有利于通风。

（3）窗户的开口科学。开景观窗可以多角度欣赏室外风光，激活室内与室外的互动关系，最大限度地延展生活空间。要根据实际墙体位置、房屋角度、采光量的多少来确定窗户开口的大小。

（4）室内柜子的通风设计。室内的鞋柜、衣柜、书柜、酒柜等能否自然通风也很重要。民国建筑室内的柜子很多都采用了抬高柜腿、镂空柜门的做法，以利于空气流通。同时，摆放家用电器的柜子，散热也是需要注意的问题，可以通过镂空、格栅或百叶的方式来实现自然通风，还能兼顾美观。现代居室的部分柜门也借鉴了这一做法。

7.3 南京民国建筑室内陈设的
海派文化透射

　　室内陈设，是指家庭内部空间的陈设、摆放。民国建筑
中室内陈设的原貌，我们已经无法看到，但是通过历史资料
可以了解部分室内陈设的原貌。南京民国建筑中的室内陈设，
多参考于上海、天津等租界城市的海派文化风格，"洋货"
是室内陈设的主要体现点。

7.3.1 室内的西洋陈设品

　　民国时期，受西洋建筑派影响的沿海、沿江城市建筑的
内部，室内陈设品风格趋于欧美化、秩序化。

　　虽然民国时期的家电种类不如当今丰富，但造型别致、
工艺考究。最典型的当属留声机、钟表、电话机等，是彰显
主人身份和审美的重要物品。另外，油画画作等装饰品也受
到了普遍欢迎，还有纤细的金属灯架、色彩鲜艳的玻璃灯罩
等，都呈现出强烈的装饰意味。

　　留声机与黑胶唱片，是那个年代的代表符号，也是室内
陈设常见的物件。20世纪初，新式留声机进入国内，很快
受到民众的青睐。据说，民国初年，在北京逊清皇室的宫殿
里，用留声机播放京剧唱片、外国歌曲唱片成了末代皇帝溥
仪的消遣之一[1]。民国时期的娱乐场所、社交场所，大多都
有留声机。

　　如今进行室内设计，居者、设计师可以运用这些有民国

1.陆洋.乾隆、溥仪器物考——紫禁城走来的西洋景儿[J].齐鲁周刊.2015(48)：20-21.

时期特色的物品、物件，如留声机、实木落地时钟、瓷器器皿等，体现室内装饰的品质，营造出富有民国韵味的室内空间效果。其他风格的室内装饰也可以出现民国时期的装饰品、物件，以表现混搭风格。

7.3.2 民国风家具的流行

民国时期室内设计中的装饰，在理念、方法、风格等方面，都较以往有了突出的变化和发展。最明显的是家具的变化。

民国风家具也是值得现代家居界学习和思考的，如何在新时代背景下，做好民国风家具的再设计、再创作，是我国家具走原创风、民族风的一个可选路径（图7.1、图7.2）。

民国时期室内设计中的软装饰，偏爱使用一些现成的西方装饰品和有质感的材料，如玻璃酒杯、钢制刀叉、西洋地毯、皮质沙发以及布面沙发等，这些都是人们追求时尚的直接表现。其色彩和纹理也要与整体设计风格相协调，尽可能避免视觉上的冲突和矛盾（图7.3、图7.4）。

民国风家具的产生，是西式风格对几千年来形成的中式家具式样的冲击、融和，是时代发展的产物。它形成了一种明显的社会风尚与审美体系，在当时受到了上流社会的追捧。中华人民共和国成立之后，由于种种原因，民国风装饰、民国风家具等都没有得到继承与发展，而经过几十年的历史演进，现今又有了多种新的装饰文化潮流，这股中西合璧的民国风就停在了历史长河之中。虽然民国风格家具发展的时间短，但这种中西融和、洋为中用的特色值得思考和分析。

7.3.3 协调统一的明丽色彩

民国时期室内设计中，色彩的设计注重调和，趋向统一。由于当时外贸、国际交往、文化流行、消费趋向、材料生产技术等因素，民众的室内色彩追求西洋化，色彩的使用更加

图 7.1 总统府办公室内的家具布置（一）（作者 摄）

图 7.2 总统府办公室内的家具布置（二）（作者 摄）

图 7.3 梅园新村 30 号会客室的布面沙发（刘屹立 摄）

图 7.4 美龄宫小会客厅内的布艺沙发及其他家具（作者 摄）

大胆。在室内空间中，我们经常能见到垂坠感十足的绒面窗帘，给人以大气、简约之感的同时，又给人以协调柔和的视觉感受。在窗帘、地毯的选择上，则十分注重图案、纹样的互补和协调。例如，同色系的窗帘和灯罩，搭配协调、气质高雅，达到了提高整体品位和彰显个性的目的（图7.5）。

图 7.5 美龄宫内的绒面窗帘（作者 摄）

　　民国室内设计的色彩，从整体上来说以同类色为主，互补色为辅，给人以稳重、大方之感。掌握了这一色彩规律，设计者可以直接予以搭配使用。现在，人们也普遍认为室内硬软装饰中的色彩应该协调、统一，给人以简洁明了、大气之感。对民国时期的室内软装饰设计进行深入地实践探索与理论研究，可以丰富装饰艺术内容，对当代的室内软装饰设计、材料生产具有创新意义、借鉴价值。

7.4 南京民国建筑室内装饰材料的
   时代变化

民国时期，近代国际贸易和运输业的发展已经有了一定的基础，对各类国际流行建材、装饰材料、物料的采购也日渐便捷，所以说，时代的发展也直接促进了装饰业的发展、进步。

在室内设计中，人们可以通过改变材料的规格、形式来创造不同的室内空间、装潢环境氛围。室内装饰材料都有自己的特点、特性，粗犷或是细腻、坚硬或是柔软。在室内空间表现上，不同材料有适合的表现领域和性能，因而建筑师、设计师、工匠必须熟悉材料性能，充分掌握材料加工工艺，以扬长避短，使其在不同的室内空间设计、风格表现中能够获得有效的、充分的发挥，得到最佳效果表现，呈现材料应有的时代感。

7.4.1 装饰材料与室内设计的关系

装饰材料是一个时代工艺发展水平的体现。室内设计离不开材料、物料的供给，而且，不同的材料其品质、性质、质感、使用方式等不同，可以给室内设计带来不同的效果、视觉感受。

不同历史时期的科技水平不同，材料的生产加工技术、质量表现也不同。民国时期是我国近代工业、民族工业发展的初期阶段，材料的生产能力有限，但是生产出的装饰材料仍能承载着设计者的设计理想、生活哲学与美学观念，给设计者提供了丰富的灵感来源，并对设计方案的效果有直接影响。因此说，材料运用与室内设计效果是紧密相关的。

对材料性能的充分了解和掌握，以及材料加工方式和有效使用、安装等，关系到能否创造出崭新的、美观的室内空间效果和新形态。

在民国时期，装饰材料是很少的，建筑材料就是装饰材料的情况很普遍。当时的设计师通过建筑材料来展示室内的设计风格，具有一定的历史局限性，但是他们的水平和技艺，一定程度上消减了因材料的局限而损害装饰效果的影响，给人们创造了很多至今难忘的精美建筑作品。

对于装饰材料与室内设计的关系，笔者认为，室内设计应结合每个时代装饰材料技术发展趋势，了解材料特性，再充分考虑使用者的性格、爱好、起居习惯和生活方式，才能将材料运用与室内设计完美融和，为室内设计效果增色。民国室内设计是对民国装饰材料、技法的体现，是传统建筑装饰向现代装饰的过渡阶段，值得今人研究。

7.4.2 装饰材料与设计效果的内部逻辑

我们知道，民国建筑的装饰材料主要有木材、玻璃、油漆、砖瓦、石子、沙子、水泥、钢筋、混凝土、铁艺等，这些材料组合出来的设计效果已经远远不是传统建筑所表达的逻辑关系了，其具有现代风格，进入了历史、建筑、装饰艺术的另一个迭代年代。

通过对装饰材料进行分类、遴选、配用，来实现造型、空间形态以及氛围的效果。同时，材料只有经过造型、设计才有存在的意义。材料、材料特性、使用条件和适应环境是客观的、不变的，但在室内设计中人们却可以通过改变它们的尺寸规格、造型、花纹、色彩，来营造不同风格需求的室内空间、物理审美环境。

在室内空间装饰设计上，选择什么材料首先不是看档次、贵贱，而是要考虑设计空间的属性、功能需求。例如：（1）大理石、花岗石镜面板材，耐磨，装饰效果好，适合用于高级酒店、星级宾馆等公共建筑；（2）陶瓷地砖、抛釉砖、防滑砖、通体大理石砖、玻化砖，耐磨性好，适用于房屋客厅地面、建筑内部墙体；（3）木地板、复合实木地板、强化地板较为舒适、保温，适合铺设在卧室、客厅；（4）塑料地板、化纤地毯、混纺地毯等材料，防滑、耐磨、消音效果好，适用于公司办公室、影院、歌厅等。不同材料的物理特性、展示出来的效果、耐候条件等，是设计师必须掌握和了解的，不同的风格、部位、使用场景，需要选择适合的材料来完成装饰任务。

关于装饰材料与设计效果的内在逻辑，一方面，装饰材料的硬与软、明与暗、光与涩、粗与细等，决定了设计效果中的质感、档次、品质等内容；另一方面，室内设计人员对材料的选用和搭配，也体现出其艺术造诣、技术水平的高低。此外，材料也有其自身的性格，如材料的肌理、光泽度、质感等必然会对人们的心理产生一定的影响，或流畅自然、或宁静飘逸。全面、专业、经验丰富的设计师，必然是对材料性能、性质、特点、使用条件与方法，以及材料给人的心理感受、价格情况等了如指掌的人。

7.4.3 民国建筑室内典型材质的运用

民国时期的装饰材料风格大多是受美、英、法、德、意、比、西等西方国家装饰风格的影响，建筑师、设计师、厂商、工匠们对当时流行的新兴材料，如水泥、石材、彩色玻璃、护墙板、铁艺门窗等十分青睐。因此，民国的室内设计师运用了水泥、钢筋等西方材料，结合传统装饰元素，创造出了一种具有中西混搭文化内涵的民国建筑装饰形式。

当时的建筑师、设计师充分运用自己的智慧，将水泥、玻璃与木质地板完美结合，同时吸收了传统建筑装饰、室内设计元素，以几何化的造型重塑建筑形式、家具形式，打造出了诸多优秀的民国建筑形式、装饰艺术。对水泥、混凝土的引进、应用，是近代建筑快速发展的物质基础条件，使得建筑建设效率大幅提升，坚固性、抗震性、维护性也得到提升，这是民族建筑装饰行业在寻找符合自身发展道路上的必然选择。

水泥、钢筋、石材、板材、地毯、玻璃、皮质等材料开始流行使用，这些在西方设计风格中所推崇的新材料，满足了当时民众的功能与审美需求。

1. 铁艺

进入南京许多民国建筑的内部，常会看到铸铁楼梯、铁扶梯、铸铜门把手、铸铜窗户、铁艺大门等，如鼓楼区政府的铁艺门窗、原中央体育场的铁艺门窗、中山陵的铁艺陵门、交通银行南京分行旧址大楼铁艺大门、原中国国货银行南京分行旧址大楼的铁艺窗户等（图 7.6 ~ 图 7.8）。

图 7.6 交通银行南京分行旧址大楼铁艺大门（作者 摄）

图 7.7 原中国国货银行南京分行旧址大楼　　图 7.8 原中央体育场的铁艺门窗
　　的铁艺窗户（詹庚申摄）　　　　　　　（作者摄）

2. 墙裙

　　墙裙在国内的出现、应用，可追溯到民国初期，由欧洲传入国内，在英、法租界的建筑内较为常见。那时的房间内部净高通常大于 3 米，墙裙也在 2 米以上。后经过演变，墙裙成为拉高到顶部的护墙板（图 7.9）。

　　护墙板、墙裙的出现，是有时代背景的，具有时代特征。使用木墙裙作为墙体的装饰材料有其客观性，民国时期房子层高较现在的要高，内部空间显得空旷，选用护墙板或墙裙能够使空间比例更加协调，有助于装饰效果的体现，同时也有利于保护墙体、墙面（图 7.10）。

　　如今，房间净高降低，再使用护墙板或墙裙做装饰，会使房间产生拥堵感。因此，小户型、层高低是当前装饰应用墙裙的限制因素之一。室内装饰材料种类丰富，仅墙饰材料就有多种选择，如墙漆、壁纸、海基布、硅藻泥、墙衣等。近年来，设计师、使用者越来越重视装饰材料的环保性，以保证人体健康不受侵害。

图 7.9 原英国驻中华民国大使馆（现双门楼宾馆小白楼）的护墙板（作者 摄）

图 7.10 扬子饭店的矮墙裙（作者 摄）

7.5 民国风格对现代室内装饰的启发

民国时期是我国一个特殊的历史时期，民国风格是当时艺术文化、民俗民风的集中体现，至今让很多国人记忆犹新、印象深刻，对现代室内装饰设计也有较大影响。

7.5.1 设计原则的把握

首先要理解和把握的一个原则是，民国时期的设计师对于我国传统元素与西方新设计元素的结合的把控，对新材料、新技术的运用，从某种程度上来说属于"混搭"风格。其建立在民族文化、国人心理、历史传承、社会政治制度等基础上，并做了合理化、技术化的平衡与协调。

对民国时期室内设计艺术风格的借鉴，绝不能简单地照搬照抄、一味模仿，而是要取其精华、去其糟粕。具体来说，可以遵循以下原则：（1）辩证运用原则。民国时期室内设计理念、方法和风格十分丰富，但并非全部适用于今天的设计环境，要做到有取舍，根据实际情况进行创新和探索，通过创造性转化和创新性发展，古为今用。（2）以人为本原则。"人"是各类艺术设计中的核心要素，之所以进行室内设计，根本目的在于更好地服务于人。因此，室内设计师不能为借鉴而借鉴，为设计而设计，丢掉"以人为本"。应始终以人的需求为目标，将设计真正融入人们的生活。（3）适度自然原则。民国时期室内设计风格具有一定的美学价值，但正所谓"过犹不及"。所有事物只有在特定的数量和范围内，才能保持自身的艺术特色、优势。如果不顾实际盲目堆砌，不仅不会给人以美的享受，反而会有画蛇添足、矫揉造作之感。（4）生态环保原则。民国时期或许对生态性还没有注意到，但是生态环保是当下和未来人类社会发展的出发点、落脚点，设计者应主动树立并践行这一理念。在具体的设计中，多采用绿色材料，避免铺张浪费，使整个设计适应时代发展的需要，体现健康安全的理念。

民国时期，新的室内外设计风格的出现，从根本上来说是时代发展的必然结果。作为当代设计者，一方面要对该时期的设计理念、方法等予以有机的继承和借鉴。另一方面则要对室内设计和时代发展的关系进行更加深入的思考，让作品与时代发展紧密融合，与时俱进，才能真正获得当代人的认可，并成为时代发展的见证者、记录者。

7.5.2 设计方法的表达

掌握科学的设计方法，可以取得系统、简约、高效的设计效果。特别是在民国建筑室内设计本身元素较为丰富的情况下，更需要设计师提炼、探索出一些直接有效的表现手法并熟练运用。

1. 强调设计中韵味和意蕴的表达

我们知道，韵味、意蕴是中国美学的特有追求，民国室内设计之所以给人以美的体验，从根本上来说就是对韵味和意蕴的追求。所以在当代设计中，重点在于这种韵味和意蕴的传承、传播，从根本上避免设计有形无神、有名无实，而要设计出好的作品，对建筑师、设计师、工匠的中西艺术差别、文化修养、知识造诣、艺术素养等方面，提出了较高的要求。设计者要对设计方案进行反复而深入的思考，赋予设计以美好内涵和深刻寓意，带给人们视觉美感享受和体验的同时，促进和激发人有所思、有所感，实现对设计的文化认同，这样的室内设计、装饰效果，才能得到人的长时间的认可。

民国时期的设计风格，受时代文化以及自然地域的影响较大，所以在设计理念、风格上具有很强的时代感，形成了独具一格的设计美感，这是当时的建筑大师、设计大师对韵味和意蕴的深刻领悟与体察。在当代的室内设计中，由于人们对居住质量以及品质的要求逐渐提升，需求逐渐多样化，如将民国风格与当代的室内设计风格融合在一起，不但能满足人们对于美好生活的向往，也能使传统文化得以继承和发扬。

南京民国时期的室内设计风格，既汲取了我国传统建筑文化的精髓，也吸纳了西洋文化的艺术特色，再现和谐、舒适的混搭效果，是我国传统文化和西洋文化的糅合。要较详尽地了解和认识民国时期室内设计的特点、设计方法及艺术魅力，可以从硬装饰设计、软装饰设计等方面进行韵味和意蕴的挖掘与探索。

2. 继承设计上中西混搭的风格

民国时期的建筑师、设计师、工匠、建筑营造厂等，将中西特色元素结合所产生的民国风格，具有广泛的民族认同性和艺术传承性。

回顾历史，民国时期的设计风格是传统与现代、东方与西方、艺术与技术的结合，今天的设计亦是如此，只是结合的元素更丰富多样，但最终是民族文化与外来优秀文化之间的融合，在这种融和中体现中国风的时代性、国际化。

南京时下流行的很多装饰风格都属于混搭风格，如以某一种风格为主，再搭配其他风格的特色元素，这是现代都市主流装饰消费市场上的一个普遍现象。

中西方元素的结合所产生的新中式风格，日渐成为大众群体所接受的主流审美，民国风也正是由此而来，将民国风的这些元素以新的姿态展现在当下的主流装饰文化环境与居住消费的面前，给予社会大众一种熟悉的文化艺术体验，体现中西混搭风格的独特魅力，是现代建筑设计、装饰、环境艺术等领域，可以继续发展的关键方向之一。

3. 突出设计的时代包容性

从建筑文化、艺术设计发展史来看，室内装饰一直与时代相伴相生，并受到历史发展、时代变化的极大影响。西方的建筑文化风格、装饰风格，有其自身的优点和亮点，但可能会与本民族的传统风格发生矛盾、冲突，因此，要体现设计的包容性，进行折中主义的处理。此外，室内设计人员的技术、眼光和经验是由各自的文化艺术底蕴、科学技术水平、精神领域的审美取向决定的，要允许有不同的声音。民国风格是民国时期国人在建筑领域的积极探索，也是当时民族集体审美提高的一个印证。很多优秀的民国建筑风格、室内装饰艺术手法，促进了国内室内设计领域的发展，也为当代室内设计寻找到了新的发展方向，是装饰艺术的延伸。

7.5.3 设计风格灵活创新

在南京民国建筑大量的室内设计案例中，人们发现，中西方装饰艺术风格混搭出来的简洁、现代的空间设计风格，带来一种舒适感、亲切感。继承的目的在于创新，只有通过创新，才能体现出历史价值，并为后世留下丰厚的文化资源、艺术财富。不同时代的审美观念，肯定会有较大差异，设计者如果不进行创新，只是一味模仿，很难满足当代人的实际需要。因此，我们提出如下建议：（1）对设计元素进行重构。民国时期，室内设计装饰元素种类繁多，给人以应接不暇之感，设计者要通过简化、重组、借用等方式对其进行重构，保留和体现最精华的部分。例如，有的设计师将一些图案和纹样应用于墙画、桌布上，以最直观的方式展示出特有的设计风格。（2）与现代科技相融合。现代科技飞速发展为室内设计提供了全新的表现空间。在运用一些民国室内设计元素时，在保留其原本造型和色彩的基础上，与现代科技相结合，突出其实用性。例如，最常见的留声机，就可以保留其形式，但改进其功能——原本是播放唱片，当下则是可以播放多类音频、视频等的多媒体设备。

　　民国风格是当时人们对建筑、居住、生活上文化艺术特色的一种美好向往，值得南京本地室内设计市场的进一步挖掘与借鉴应用。在建筑文化与装饰艺术的历史发展中，民国时期的室内设计风格也反映了那个时代人们追求自由、和谐的心理需求和精神向往。无论是硬装饰还是软装饰，最终都要以设计元素的形式呈现出来，提炼和总结这些民国风元素，无疑可以获得对整体风格更加细致和深刻的认识。

　　近年来，新时代的室内装饰艺术，正重新审视中华民族的传统艺术文化，继承和发扬其优秀特征，并不断发展和创新，以新颖的形式改变人们的生活面貌。同时，当代的室内设计师们要充分认识、学习并领悟民国风格的真正神韵和内核精髓，在有条件的时候设计出更能体现我国传统艺术文化的室内装饰作品。

　　总之，民国风格深刻反映出民国时期的社会思潮、流行文化和人们的审美选择，对当今建筑设计、室内设计都产生了重要影响。

08

第八章

保护·利用

民国时期，南京城市的建筑在民族建筑形式的发展过程中，掀起了一个小高潮，形成了一次中西合璧的文化交融热潮，进而诞生了一种新兴的建筑——南京民国建筑。如今，这些建筑大多已有近百年的历史，在新时代，这些历史建筑有的依旧在发挥着作用，彰显了民国建筑艺术的独特魅力，对现在的城市规划、建筑设计、装饰艺术设计等具有一定的参考和借鉴意义。南京民国建筑是我国近代建筑史上一道独特的风景线，由于南京在特殊时期的特殊地位，其城市建筑形成了独特的建筑风格和美学价值，值得后人进行保护、传承。但是，据有关报道，北京、上海、沈阳、南京、杭州、洛阳、长沙等城市的古建、近代优秀建筑，在城市现代化进程中遭到了破坏，令人担忧。在1927—1937年之间建设的民国建筑，代表了当时第一批近代建筑师的集体智慧，体现了建筑设计探索中西结合道路的真实情况，是近代历史的见证，也是近代建筑发展的见证。我们要保护好、利用好民国优秀建筑，就要引起各方的重视，吸引更广泛的群众形成保护建筑遗产的共识，同时要找出针对性的保护和利用相结合的新路径，让民国建筑发挥应有的价值。

8.1 政策法规保护的分析

无论是过去还是当下，南京民国建筑其及景观群体是南京市发展的特殊资源和潜在文化软实力，在城市建设与品牌打造、历史文化价值挖掘与再利用等方面，都有着极其重要的作用。但由于经济快速发展，城市建设规划方面保护意识不足，使得民国建筑遗存面临困境，部分建筑存在年久失修、材料老化、被人为破坏、使用过度等问题。

8.1.1 保护现状

目前，南京保护、利用民国建筑的措施有以下几个方面：（1）出台规范和管理办法。如公布重要民国历史建筑保护名录，挂牌保护，对口问责、追责。（2）清理民国建筑"负重"。如整治周边环境，修缮房屋，拆除违章搭建及广告牌（箱）、线路。（3）开发利用、促进价值再现。通过调研和策划，开发利用民国建筑，打造展览馆、名人纪念馆、特色休闲街等业态，结合公共服务资源，注入持久活力。总之，通过多种方式和路径，盘活和整理这些单体建筑、建筑区或建筑群，是利用和保护的一种重要手段。

据相关部门统计，截至目前，全国拥有 20 世纪建筑遗产 396 项，民国时期的占 50% 左右。可见，民国建筑遗迹、遗产数量还是很多的。近年来，不少南京民国建筑先后成为全国重点文物保护单位、江苏省文物保护单位、中国优秀近代建筑及南京重要近现代建筑等。比如，2019年12月公布的"第四批中国20世纪建筑遗产项目"中，共计98项（组群）入选，南京新增四处文物建筑：扬子饭店旧址、拉贝旧居、国际联欢社（现南京饭店）、交通银行南京分行旧址。这也说明了南京保护民国建筑的工作一直在扎实推进，后续应增强保护力度。

南京现存民国建筑大约有一千多处，其中一百多处被评为近代优秀建筑，还有几十处被列为全国重点文物保护单位。总体来看，南京民国建筑、历史风貌建筑等得到了良好的保护，受到了政府部门、管理部门、市民群众的关注和关心。近年来，随着城市的不断扩建、翻新，一些民国建筑已成为南京的城市名片、中心地标、旅游网红打卡地。

随着社会各界对民国遗迹保护与再利用问题的关注度不断提高，国家、政府有关部门各种保护政策和措施不断出台、完善，通过科学规划与实际研究，掌握了大量的历史文化资源、调研数据，使得一批有价值的民国建筑在快速城市化进程中得到保护和合理利用。2008—2012年间，依据《2008年南京市重要近现代建筑和近现代建筑风貌区整治实施方案》，政府部门先后组织实施了多次修缮、保护民国建筑的行动。2016年，南京市规划局、南京历史文化名城保护委员会成立项目组开展全市范围内的历史建筑普查。该行动有力推动了南京民国建筑在城市规划、商业开发、保护利用等方面的基础工作。2017年，南京市规划局网站公示了公众意见咨询性的《南京市历史建筑（历史地段类）保护名录》《南京市历史建筑（其他类）保护名录》《南京市历史建筑（古镇古村类）保护名录》。这些活动的背后都体现出南京对民国建筑的重视，加大了保护、利用和开发的力度。从总体上来看，南京民国建筑的保护工作是值得广大市民群众肯定的，并且取得了一定的成绩与成效。

但是，鉴于历史、使用、自然老化等原因，仍有一些民国建筑被拆除、破坏或者存在一些实际问题，有待引起社会各界的重视，早日实现从被动式的保护走向主动性的保护。对于那些具有历史价值和保护意义的民国建筑，尤其是重要的建筑单体或者建筑群，政府部门应积极提出相应的等级保护制度或法律法规，整合南京历史文化资源，并纳入城市地理信息系统，让保护工作逐渐走上科学的轨道。

8.1.2 保护建议

对于南京民国建筑的保护，要从政策战略、思想宣传、技术行动、资金保障、人才培养等方面系统统筹、有力实施。

1. 建立、完善相对独立的管理体制

南京民国建筑种类多、形式多，由于不同时期、不同产权所属关系、不同使用状况、不同管理部门，导致存在多头管理、权力分散、管理不严、保护不利的情况。政府部门应建立健全权力集中、组织严密、管理科学、人员配备齐全的历史遗产管理体制（尤其是要设置专属保护机构，配备专职保护人员，加强对民国建筑的管理建设），既有专门的民国建筑管理机构，又有分工明确的各部门密切配合，做到职责明确、权责有序。此外，有必要建立一个相对独立的民国建筑专家评估委员会，以做好民国建筑的鉴定、保护、监督等工作。

2. 构建二元保护体系，动员全民参与

现阶段，对文物古迹、优秀民国建筑的保护，停留在政府拨款的层面上，成效虽显著，但政府负担过重，长此以往，必心有余而力不足。因此，可以转变一下思路，建立政府保护与民间保护相结合的二元保护体系，吸纳民间资本对部分民国建筑进行保护，并加强对其的正确引导。此外，政府应进一步加强专项课题、专项基金的扶持力度，鼓励、促进和支持业界专家、学者、企业对南京民国建筑进行全方位的理论研究，并将研究中取得的成果，及时、通畅地应用到现实的保护工作中来。

3. 注重对民国建筑保护资金的落实、筹划

把保护民国建筑同城市整体规划、经济发展、房屋建设、文化艺术投入等相结合，建立与本市建筑遗产现状相吻合的、切合实际的保护细则，并且严格按照细则进行建设、投资和监管。分批、分等级根据历史状况、自然环境、使用现状等因素，对每处民国建筑制定出对应的保护手段、对策办法，明确保护责任与义务。同时，设立南京民国建筑保护基金，广泛筹措资金，对民国建筑进行针对性的保护。只有落实好专项资金，才能确保南京民国建筑保护与修复工作有序进行。

4. 进一步持续完善民国建筑遗产保护的立法

为了更好地对南京民国建筑进行保护，政府几年前就已经加快了民国建筑遗产保护的立法工作。对南京民国建筑进行立法保护，加强完善《南京市重要近现代建筑和近现代建筑风貌区保护条例》等相关办法、措施，使民国建筑保护和利用工作有法可依、有章可循。

现存的民国建筑只要保护好、利用好，更易被广大市民、游客接纳，能激发大家对城市文明、建筑艺术的保护信心。所以，应进一步持续地完善法律法规，通过法律手段来落实民国建筑的保护工作，才能最终落到实处、见到实效。同时，要做到有法必依、执法必严、违法必究。社会各界都必须按照相关法律法规有意识地保护南京民国建筑，违反法律法规的，都应受到相应的处罚。

近二十年来，随着城市建设的加快，南京被拆除、破坏的优秀民国建筑还是很多的。例如，2004 年，新街口地区的原胜利电影院，在一片保护声中被拆除，仅留下了影院门楼。因此，只有加快遗产保护的立法工作，这样令人扼腕叹息的事才能不再发生；只有科学完善的立法，才能使民国建筑遗产得到应有的保护。

8.2 再利用与保护的分析

科学、合理地进行民国建筑资源的开发利用，是为了增强南京旅游资源的历史延续感，有助于南京民国建筑的保护、城市重要文化特色的传承。对于民国建筑来说，利用是在不损害建筑本身及其周边环境的前提下，一方面延续民国建筑原有的功能，另一方面赋予失去原有功能的建筑以新的功能。只有加强对民国建筑的保护和合理利用，才更有利于展示南京的近代历史风貌，留住其独特的建筑风格和文化特色，为城市打造积累更多的文化底蕴。

8.2.1 利用现状

目前，南京民国建筑的利用模式主要有以下几种：
（1）延续其原有用途。如原"国立中央博物院"（现为南京博物院）、大华大戏院、原金陵大学（今南京大学）、原"国立中央大学"（今东南大学）、原金陵女子大学（今南京师范大学）。（2）改为展览馆或纪念馆。如原孙中山临时大总统府及南京国民政府建筑、拉贝故居、原颐和路公馆区第十二片区（现为颐和公馆）、原国民政府主席官邸（现为美龄宫）等。（3）为政府机关以及部队所使用。如原国民政府外交部（现为江苏省人大常委会）、原国民政府交通部（现为国防大学政治学院南京教学区）、原中央通讯社（现为部队联勤部某某部门办公场地）、原国民党中央党史史料陈列馆（现为中国第二历史档案馆）等。（4）用作商业用途。如原英国驻中华民国大使馆（现为双门楼宾馆）、励志社旧址（现为钟山宾馆）（图8.1）。（5）封闭管理、暂停开放。

图 8.1 励志社旧址建筑（作者 摄）

　　在南京，绝大多数近代建筑、民国建筑被保存至今，依然承担着实际使用功能，得到了很好的利用、保护，但是，也有一些民国建筑，面临被破坏、被拆除，或者处在空置、无序搭建、随意改建的境地，严重影响了其历史价值、使用价值的发挥，造成资源浪费、环境问题、建筑结构破坏等情况，这也是保护紧迫性的体现。

　　现阶段，民国建筑群保护利用中存在的问题还是很明显的。比如，多部门、多层次交叉管理，管理主体之间缺少总体协调，出现问题时，相互之间推诿扯皮、敷衍了事，应尽早建立专门部门。同时，南京一些地区现有民国建筑的产权关系错综复杂，使用者和管理者分别属于不同的单位、部门或个人，使得民国建筑的系统保护面临诸多实际难题与挑战，在修缮技术、保护人选等方面都存在需商榷的地方。

在文旅融合的时代背景下，如何让一部分民国建筑优先活跃起来，成为新时代文化繁荣、商业繁荣的推动者和参与者，是一个值得相关部门关注的话题。这些经历了沧桑岁月的民国建筑，若是不加以积极的合理利用、开发，也就失去了对其保护的现实意义。

南京具有享誉全国的民国建筑群，这些建筑具有丰富的历史文化价值、教育价值、商业价值。部分建筑已作为景区开放发挥了一定的经济价值，但利用程度较低，利用途径较单一[1]。为此，通过对民国建筑价值的再考量，提出整合民国建筑旅游路线、开发艺术写生基地等措施，让民国建筑焕发新的生机。

8.2.2 再利用建议

众所周知，利用也是一种保护，因为合理的利用能为有效的保护提供物质条件，这句话在南京民国建筑上仍然适用。利用是文物建筑保护的一项重要内容，南京民国建筑应根据其历史艺术价值、现存环境条件进行综合利用，延续原有功能或赋予建筑新的活力。当然，对建筑的利用不能损害其原有艺术、人文价值，应当与其原有的文化内涵和历史风貌协调统一。利用应当强调公益性、科普性、艺术性，要将社会效益放在第一位，同时提高经济效益，充分发挥南京民国建筑的文化、旅游、教育、科普属性。总之，在利用的同时不破坏民国建筑原有的价值和风貌，使其长久使用、传承下去。

1. 开发旅游再利用

据有关统计，南京每年要接待大量游客，随着南京民国文化、民国旅游的进一步开发，如何对这些建筑进行科学合理利用、旅游开发、商业开发和保护，是促进南京旅游文化、商业经济及美化城市空间、提升城市现代都市形象的关键。

外地游客观看历史风貌建筑群落，主要目的是了解民国

1. 吴宇，王志贤，杨思琪.南京民国建筑价值及其再利用途径探讨[J].现代商贸工业，2016(34):1.

人文故事、感受民国建筑艺术风采、聆听建筑与城市历史故事等。南京民国建筑体现了近现代的西洋风情,具有独特的审美价值,激发了人们探寻民国历史的兴趣,这是民国建筑最特殊的价值。基于这个市场基础,再从旅游出发,深挖南京民国建筑的商业开发价值,尤其是文化产业、文博、艺术馆类的布点、开放可以及早提上日程。

优秀的历史建筑、民国建筑,除了具有历史文化内涵及艺术价值之外,还是一种经济资源,商业潜力大。上海对一些近代建筑、老街区的重新利用值得国内其他城市学习、借鉴。相关部门应进一步深化民国文化旅游的发展,可以把民国建筑旅游资源与城市环境综合整治相结合,开发民国专题游线,打造精品的、符合市场需求的旅游资源。这不仅是对民国文化很好的宣传和推广,同时也能创造出良好的经济效益[1],缓解甚至解决南京民国建筑保护在资金方面的压力。此外,对民国建筑进行科学规划,将民国建筑应用到旅游产业上来,通过旅游业的发展,加强人们对民国建筑的重视与保护[2]。开发利用要多元化,博物馆、艺术馆、纪念馆的设立也值得大力推荐,因为与民国建筑相关的很多历史人物都具有爱国精神,热衷民族事业、热爱人民,对城市发展或文明进步做出了贡献,应该加以宣传和纪念。

对于一座城市来讲,除了硬件方面,城市文化、旅游人文等软实力更是城市开发和建设的重中之重。发展经济固然是必要的,但是为了一时的经济快速增长而大量地拆除历史遗迹和历史建筑是不可取的。如果能重视、利用好南京民国建筑资源,是能够实现城市品牌打造、文化底蕴塑造、商业建筑升值、文化旅游繁荣的目的的,同时还可以带动经济的发展。

2. 再利用要服从保护

南京民国建筑保护是第一位的,利用、开发是第二位的。在坚持保护的前提下,应该运用适度利用的原则,以确保历史建筑及其环境的完整性。民国建筑中已经大量使用钢筋混

1. 曾新强.浅议南京民国建筑的现状与保护[J].经济研究导刊,2014(24):169-170.

2. 闫妮,万全友.南京民国建筑保护与旅游开发研究[C]//2006年文化遗产保护与旅游发展国际研讨会论文集,2007:207-210.

凝土、钢铁等，因而建筑的寿命相比传统建筑更长。事实也证明，南京很多公共建筑如今依旧在正常使用。南京曾在民国时期遭受内忧外患，尤其是日寇的侵略，民国时期的建筑见证了那段不平凡的历史。如今，城市的面貌发生了巨大的变化，只有保护好这些历史建筑，才能让后人更直观地了解历史，认识到为什么要努力发展、自强不息、奋起前进。

对民国建筑的利用，不能一概而论，哪个建筑能利用、怎么利用、利用到什么程度、保护到什么程度都是需要认真、系统考虑的问题。上海市根据自身近代历史建筑的使用现状、价值意义等方面的特殊性，制定了保护与再利用的系统性法规条例，对民国建筑的立面、结构体系、平面布局和内部装饰的保护，是值得南京学习、借鉴的。

南京民国建筑的保护、再利用，是交替进行的，保护和再利用，都是为了更好的、可持续的发展。片面强调建筑新形式、城市新规划，大改大拆民国建筑，或过分强调保护历史建筑而忽略其价值适用性和舒适性，都是不合适的。同时，还应合理再利用历史建筑的功能，保持这些建筑与外围整体环境的协调共生，实现永续保护和利用。南京许多民国建筑，尤其是房屋建筑多集中于市区，在城市开发建设的同时，要充分考虑其与周边街道、商业区、居住区、附属设施、交通等的协调，尽力创造出交通方便、环境和谐、治理安全可靠的现实场景条件。

要加强科学调研和定位，以保护为主、利用为辅，坚决限制并调整不合理的使用。对一些相对保护定级不高、保护力度不大、监管不强的民国建筑的使用、再利用，更加要注重使用者的素质和责任心；对那些没有历史观、文物保护意识淡漠的人，以及不利于建筑的经营业态，要加强监管、排查和清除力度。逐步迁出低端产业、优化业态布局，引进和打造艺术经济、文化创意、博物馆群、旅游观光等绿色业态，培育南京民国特色的文博、文旅、文创等软实力，形成民国主题突出、特色鲜明、稳定繁荣、生命力强的民国建筑业态圈、文化街。南京应该围绕这个战略，扎实启动和持续落实自身的定位策略，进一步促进民国建筑文化艺术的繁荣发展。

3.对故居、别墅的保护

南京的党政军类建筑、革命纪念性建筑、名人故居、使领馆等得到了较好的保护，也发挥了应有的文化价值与作用。但是，有部分民国建筑因为各种原因，没有得到很好的维护与管理（图8.2）。

对于这类民国建筑的保护要注意以下几点：（1）坚持预防性保护的原则。通过适当的保护措施和相应的管理措施，减少文物建筑发生灾害的可能或降低灾害给文物建筑造成的损害，因此南京民国建筑应该不断地进行保养和维护，尽可能消除隐患。但在修缮和日常保护南京民国建筑时，也应在缓解建筑损伤、保障建筑安全的基础上，尽量减少对它的干预，避免因过度干预而改变其包含的历史、文化信息和价值[1]。（2）推行"谁用谁保护、谁管理谁保护"的可追溯

图8.2 桂林石屋（作者 摄）

1.徐竞之.南京民国建筑保护与利用[D].南京：南京师范大学，2018.

机制。尝试对一些故居、私宅、别墅院所进行保护管理制度的建设，在满足一定标准和要求的情况下，配合监管、奖惩措施，逐步实施"谁用谁保护、谁管理谁保护"的可追溯机制。（3）形成高效的联动保护机制。一些名人故居、旧宅及一定时期无人居住和长期空置的私宅房屋，房管、文物、规划、城管、文旅等部门要形成统一的认识和管理机制，遇到问题时，相互之间积极协调，高效准确地解决出现的问题。应尽快出台有效的规章制度，加大宣传，把民国建筑的各项服务管理工作做细致。

4. 注重对民国建筑的消防维护

在民国建筑保护中，防水、防火毋庸置疑是最重要的。南京民国建筑有多半处于旧城区，旧建筑存在材料老化、私拉管线、附属物管理不到位等问题，极易引发火灾。因此，建议采取如下措施：（1）定期组织针对民国建筑的防火检查，督促相关使用者、所有者、管理者持续做好防火措施，建立完善火灾惩戒制度。（2）注重提高建筑物的耐火等级，加强防火、防灾工作力度。民国建筑多为砖木结构，其中木质构件经漫长的岁月考验会出现腐蚀、干燥开裂、风化、老化等问题，其建筑整体耐火等级就会下降、不符合相关要求，有必要提高民国建筑耐火等级、加强针对性防火演练、设施配套、检查和监督等工作。（3）增加修缮和维护的次数，对建筑隐患及时发现、及时组织修缮，不要将小问题拖成大问题，造成难以挽回的损失或者遗憾。（4）增加消防设施以及安全出口。对于民国房屋建筑来说，应根据现行规范，结合建筑的实际情况增加安全出口，配备专人进行防火、防灾等日常巡察。在此基础上，增加消防设施、增加报警系统及自动喷水灭火系统等装置，提高建筑的防火性能[1]。

1. 姜继红，王丽欣.民国建筑的保护利用——以沈阳地区为例[J].中国房地产业，2020(9): 32-34.

8.3 修缮与保护的分析

建筑修缮是建筑保护的一个常用手段，而民国建筑的修缮，有其独特的要求和特殊的意义。南京民国建筑群的保护和修缮工作整体水平较高，但仍有部分老建筑陷于年久失修、使用不当、人为破坏、濒临倒塌、被迫拆除等种种不利的局面中。因此，对这些民国建筑的保护与修缮刻不容缓。无论是在南京城区还是市郊，有的民国建筑已超过了使用年限或者脱离了监管人的管理，这些建筑的存、留、管、用问题，需要按照目前现状和使用情况进行必要的修复、修建和保护。而且，也需要充分利用现代科学技术手段，对南京民国建筑进行修复、维护和再利用。

2009 年 3 月底，为迎接孙中山奉安中山陵 80 周年，南京中山陵主体建筑维修工程启动。维修工程按原貌更换陵门及博爱牌坊的部分琉璃瓦和琉璃构件、解决灵堂西北角渗漏、修复中山陵广场至陵门甬道段的水泥路面等，同时修缮疏通排水系统 [1]。日常的建筑修缮工作，精力和资金的投入都是不小的。因而，需要全社会关注民国建筑的保护工作，更希望南京公众热爱、亲近这些民国建筑，在力所能及的范围内，用自己的实际行动去阻止那些破坏行为，并且始终坚持从自我做起，维护身边的这些建筑遗产。

近年来，南京已经修复了很多民国建筑，而且还在不断修葺和出新更多的民国建筑遗迹。但是，南京对民国建

1. 南京中山陵维修工程启动 [EB/OL].（2009-03-27）[2021-10-20].http://news.sina.com.cn/o/2009-03-125115377959s.shtml.

筑的保护和开发仍存在步伐相对缓慢、效率不高、花费大等实际问题。对于现存民国建筑的修复和保护,应注意以下几点:(1)维持原状。通过各种科学手段和先进的维护工具对民国建筑进行加固、修补,并确保原真性,修旧如旧。当前很多针对古建的创新性施工方法、技术工艺值得应用于实践。(2)加固。近年来,南京每年进行文物抢救性维修、加固工程。不少民国公共建筑缺乏抗震构造设施,不符合现行的地基规范要求,且承载力不能满足正常使用要求,需要进行墙基、墙体"补钙"式加固以及防震处理,同时做好防腐、除锈等。(3)防止破坏,抓好检查监督。坚持开展好民国历史建筑和它所处的环境与使用状态的定期、不定期检查工作,及时消除隐患,避免人为破坏。比如,坚持定期、不定期地检查建筑本身、周围的环境、使用情况,尽量减少空气、雨水、灰尘污染,防止腐烂、风化,做好防火、防盗等常规工作;检查所属人、使用人是否存在人为破坏、保管不力的行为与现象。(4)加大保护力度,维持建筑群周边风貌不变。针对民国建筑保护的法律法规不健全、执法惩处不力等问题,以及部分民国建筑主要立面的商业装潢、无序搭设、改建的现象,要求责任人及时清理、改观、恢复民国旧建筑的应有风貌、结构安全;对于已经或正在导致旧建筑出现下沉、倾斜、裂缝等现象而屡禁不止的,要给予严惩;同时,结合城市环境治理、形象工程,进一步改善建筑群周边环境,保持民国建筑的风貌和艺术特征。(5)进行必要的保护修缮。建筑上的构件、部件损坏要及时修缮,必须确保式样、材料、工艺等的一致性。如立面缺损的面砖、墙皮,应按原尺寸、原色调、原质地特别进行更换。此外,保护修缮时,重点保护整体格局和空间尺度,拆除建筑周边影响历史风貌的违章建筑、搭建物和破旧设施。对民国建筑的修缮,突出依旧修旧、保真复原、力求还原的原则,从艺术、施工技术、材料物料、造型样式、结构安全、尺寸大小、色彩、布局等多角度展开研究,深入了解和熟悉民国建筑的特色与特征，才能搞好修缮工作。

南京市积极开展文物抢救性维修、加固、修缮工作，弘扬优秀传统文化，推进美丽古都建设。总统府的子超楼、中山陵、美龄宫、原中央体育场等建筑，都经历过不同程度的文物保护修缮。

修缮案例一：原国民政府教育部旧址修缮工程

原国民政府教育部旧址，始建于 20 世纪 20 年代，是中西方结合的古典式建筑风格。2006 年被公布为南京市文物保护单位，目前为市妇联办公用房。2020 年的修缮共历时 6 个月，南京市机关事务管理局在施工期间力争恢复建筑原有风貌与特点，坚持"历史性"与"功能性"相结合的原则，科学选择修缮方案和加固措施，施工做到严谨细致、精益求精，既突显"文物建筑"，又满足使用"功能"，实现了办公功能与传统装饰艺术相融合，让文化遗产在延续城市历史文脉的同时 [1]，也活化利用焕发出新的生机。

修缮案例二：墨西哥驻中华民国大使馆旧址工程

墨西哥驻中华民国大使馆旧址，位于颐和路 35 号，建于 1934 年。该处现有两层主楼一幢，坐北朝南，青砖外墙，四坡顶，青瓦，带壁炉；另有一幢平房，青砖外墙，四坡顶，青瓦，门窗为木质。2013 年公布为鼓楼区区级文物保护单位，2018 年 8 月以"中国以色列（南京）科技文化交流中心"的用途进行为期 4 个月量身定制的修缮。2019 年 1 月起，修缮工程竣工验收后每周一、三、五对外开放参观。该处院落是颐和路片区保护利用项目的首个历史建筑保护修缮项目，在施工精细化管理、文保建筑修缮节能环保技术创新性等方面都堪称南京市民国建筑修缮保护典范工程。如今，作为以色列科技技术、历史文化交流展览场所，成为南京国际交流合作重要窗口 [2]。

修缮案例三：曾公祠文物修缮及环境整治项目

曾公祠建筑，始建于 1891 年，民国时期又有改建，是南京地区同类建筑代表作之一，作为市级文物保护单位的

1. 王铁彬. 南京市原国民政府教育部旧址修缮工程入选南京文物保护修缮示范案例 [EB/OL]. （2020-7-16）[2021-9-10]. http://glj.nanjing.gov.cn/gzdt/202007/t20200716_2259972.html.

2. 王婕妤. 南京首次公布 16 个文物保护修缮示范案例 [N]. 南京日报，2020-06-12.

它大隐于市区的钟英中学内，具有典型清代风格建筑。

2018 年，曾公祠文物修缮及环境整治项目启动，除了综合的环境整治，其中最重要的就是对八字形雕花砖砌牌楼、享殿与寝殿的修缮。牌楼是这次整个修缮工程中的重中之重。负责当时修缮工程的公司为确保文物修缮的原真性，对现场修缮的工艺、材料加强研究，认真组织施工，最终保证了修缮工程的科学性、艺术性、历史风貌和工匠品质，实现了"修旧如故、与古为新"的目标（图 8.3）。

图 8.3 修缮过的曾公祠（作者 摄）

从历史发展和完整性层面来看，民国历史是中华民族历史不可缺少的一部分。对民国建筑进行修缮保护，能够让许多城市的历史记忆更加丰富，也能够避免民国建筑在历史大潮中成为文化断层[1]。在民国建筑修复工作中，要充分认识到其特殊性，并保证在保护和修复过程中不改变这些建筑的特征，这是至关重要的。此外，进入信息时代，大数据、物联网、人工智能、3D打印、航拍等技术对建筑设计、建筑修复、信息管理都起到了极大的辅助和推动作用。在修复过程中，积极引入、利用数字近景摄影测量、三维激光扫描测量、虚拟现实等技术，将使历史建筑的数字化保护与复原如虎添翼。

1. 崔卫新. 民国建筑修缮保护与更新的价值研究[J]. 港口经济, 2020(24):107-108.

8.4 扩建、改建、重建

经过几十年的发展，有些南京民国建筑及其周边的环境都发生了不少的变化，因此，扩建、改建、重建是在所难免的，这是保护和利用民国建筑比较好的路径和方式。（1）扩建。民国建筑的扩大建设并不多见，一些建筑为了恢复建筑的造型和使用功能，需要进行扩建。旧建筑扩建的原因有很多，主要有两种情况：①因旧建筑在使用中需要对自身功能扩充而进行的建设，在高校中较为常见，如东南大学图书馆的扩建、南京饭店的扩建。②由于旧建筑的功能发生改变而导致的扩建。抗日战争后还都南京，很多建筑都有扩建需要，新建部分的功能对平面、空间、比例等的要求往往与原建筑不同，正确处理新老建筑的关系是十分重要的，如南京体育学院的篮球场扩建。（2）改建，是对建筑的规格、规模、使用功能、朝向、用途等的调整、变化。民国建筑的改建要保持原有整体风貌、艺术造型，对内部有安全隐患的结构部分，可更新为符合现今规范要求的结构体系。在改建过程中应注意：①内部空间可以根据功能的变化进行相应调整，并进行现代化的装修。②建筑外观保持不变，内部结构可以根据需要改变。在结构加固中多设置隐蔽钢圈梁，提高老建筑的稳定性和抗震性，延长其使用寿命。（3）重建，是原来的建筑已经被拆除，要在原地原样重建。重建须遵循原真性的原则，地址、式样、比例、材料、工艺等与原建筑尽可能一致，可利用原建筑构件。对于那些损坏严重、材料构件已到使用寿命的民国建筑，可按保护内容进行复建或重建。

在对民国建筑进行扩建、改建、重建时，要明确几点：（1）坚持修旧如旧原则。在修缮保护时要尽可能维持建筑的原貌，对于建筑已经缺失的部分，要充分研究相关资料，进行修补；需要修缮或更换的建筑构件要按照原本的样式、材料和工艺进行维修，并做出标记。在坚持修旧如旧原则时，应做到几个不变，如建筑结构及平面布局不要变；建筑立面（含饰面材料和色彩装饰）不要变；有特色的建筑构件及内部装饰不要变；有特色的院落、门头、喷泉、雕塑以及室外地面材质铺装不要变；建筑空间格局和整体风貌不要变。（2）注重扩建和改建中保护、利用程序的可逆性。对优秀民国建筑进行重建或扩建，都应当坚持可逆原则，即不会因为这一次改建或扩建，而对建筑的基本形式和原有结构的完整性造成损坏。这里要反复提醒那些承接民国建筑建设的相关单位，要在结构安全的前提下，注重建筑造型、色彩、材料、装饰的复原性、保真性，尽量不要画蛇添足，同时，要注重工程的质量。（3）综合整治。民国建筑所处的位置多数比较特殊，处于闹市之中的工程项目施工，要考虑多方面的因素。拆除片区内影响到历史风貌的违章建筑和破旧建筑，结合公共空间建设和城市功能提升，整治环境，在片区周边的公共空间设置街道小品及标示牌，形成以民国建筑为核心的空间节点。对于那些建筑风貌现状保存完好、功能完善但部分破损的建筑，应采用局部整治的手法进行修缮，做好定期检查和治理反馈。总之，要形成合力，综合整治，整体开展好改扩建项目的推进工作。（4）注重细节。一些故居、私宅、院落等，屋内木质材料多、物料老化，应注意温度、湿度的变化，可在室内装置温度、湿度观测仪，以便日常监测、维护。

本节对重建民国建筑的论述不多，是因为如果不是有必要，不提倡进行旧建筑的重建。一是如果原地原貌被破坏到需要重建的地步，说明建筑所处的环境是恶劣的，重建后管理跟不上的话，再次被破坏的可能性很大；二是重建民国建筑，如没有准确的图纸和相关工程资料作为基础，很难保障重建的效果，使人们对民国建筑的认识产生偏差。

　　总之，在城市化进程不断加快的今天，对于城市改造、交通规划、小区出新等多方面的建设优化，都具有重要的现实意义。只有科学合理的保护、尽善尽美的规划设计并利用、管理好南京民国建筑，才能弘扬南京城市的历史文化。

8.5 民国建筑保护的实际意义

民国建筑保护的意义是巨大的，尤其是对那些优秀的民国建筑。民国建筑（群）不仅展示了特殊历史时期的变化，还增加了南京城市的文化底蕴和丰富的旅游资源，对国内今后建筑的发展方向有深远的影响。民国建筑不仅是文化遗产的重要组成部分，更是不可再生的人文资源，只有全民自觉地加入重视、保护、修缮的行列中，这些旧建筑才能永久长存，发挥出使用功能和文化艺术价值，给城市带来更深厚的文化底蕴与视觉体验。

民国建筑是我国历史文物中的重要组成部分，是建筑文化艺术的结晶，对其进行妥善的保护刻不容缓，并具有十分重要的现实意义。（1）民国建筑是研究我国历史、建筑艺术史的实物例证。《保护文物建筑及历史地段的国际宪章》是较早提出保护文物建筑及历史地段的国际原则，宪章中有言："世世代代人民的历史文物建筑，饱含着从过去的年月传下来的信息，是人民千百年传统的活的见证。"保护自己国家的文物与历史建筑，是国际上每个主权国家必须重视的事情。古建筑便是本族人民千百年传统的见证，是一个民族文化发展的物证、精神文明的结晶。从对民国建筑的研究中，可看出同一时期其他科学的发展情况、政治环境、城市建设水平、建筑技术水平和社会文明进步的状况等。此外，对于近代建筑史的研究来说，民国建筑是更为直接的实物例证，其所反映的是当时社会的生产生活方式、科学技术水平、工艺技巧、艺术风格、风俗习惯等。

（2）保护民国建筑是城市发展旅游业的重要物质基础。随着人民物质生活水平、人口流动等不断提高、加快，对文化、旅游的需求更为旺盛。近代优秀建筑资源本身拥有的巨大品牌效应、历史资源集聚效应，能吸引、提高海内外游客的到访率、游览率，进一步激发南京旅游资源的潜能，丰富城市的文化旅游特色，吸引更多的人口到南京、留南京。

（3）保护民国建筑是新建筑设计和新艺术创作的重要艺术素材。南京民国建筑中很多官式建筑、新民族风建筑上都体现了传统古建筑的艺术魅力。在建筑布局、材料、施工、艺术装饰、传统风格等方面，这类优秀的历史建筑是无数工匠们在长期的建筑实践中积累下来的可贵经验和宝贵技术。这些艺术、技术成就，对现在的建筑业及相关专业人员也有指引作用和启迪、示范作用，也是民族建筑不断继承、创新发展的力量源泉。

近年来，国风的流行使得人们再次将目光汇集到我国历史文化的特色中，对中式建筑、民国建筑的艺术赞不绝口，也大有改进出新和创造再现的势头。建筑设计、规划、装饰和环境景观设计等领域，都可以借鉴优秀民国建筑艺术，而保护是借鉴的前提，只有大众充分认识到民国建筑保护的必要性，才能重现民国建筑艺术的风采。

09

第九章
传承·借鉴

在近代中国建筑发展的过程中，民国时期是一个传统建筑向现代建筑发展的转折点，南京在这一时期出现的建筑形式，被称为南京民国建筑形式。这个时期是中国建筑向西方学习以及相互融合的重要时期，无论是从建筑功能、设计方法、材料应用还是建造技术，都为中国建筑之后的发展指出了一种方向，值得深入研究。但由于这个时期仅有二十年左右的稳定建设时间，建筑主要分布在沿海和长江沿线的几个城市，数量少、资料缺乏，较少受到人们的关注。因此，民国建筑成为建筑史和文化艺术史中的"昙花一现"。南京由于其政治因素、地理位置因素，还是可以看到很多优秀的民国建筑，其文化符号、艺术表现都给人们带来良好的观感和体验。因此，人们更加需要加强对这些建筑的保护和传承。

9.1 设计精神的传承

　　南京民国建筑的设计精神，主要体现在民国时期那些优秀的建筑师、建造人、材料商、营造厂的身上，体现了当时学习西方现代科学技术、洋为中用、中西融合的时代态度和强烈的社会需求。

　　建筑设计师的精神，是由设计师群体本身以及其所处的历史时代、社会背景、市场需求等共同形成的。民国时期的建筑设计师，多数有留洋学习的经历，他们中不乏学贯中西、智慧超群之人，他们的卓越才华、工匠精神是难能可贵的。时下，人们所呼吁、倡导的讲求民族性、地域性的建筑思想与中式风、汉文化的文化价值观，与民国时期所倡导的传统建筑复兴思想、设计精神十分相似，都是民族精神、创造精神、爱国精神的体现，都需要国人对民族传统文化、建筑艺术有充分的自信。

9.1.1 建筑设计创新精神的传承

　　民国时期，众多建筑师都有改造旧中国、大胆进行民族文化创新的精神境界，同时他们也有极高的专业素质和职业技能。例如，杨廷宝先生的建筑创作始终关注普通人的生活，坚持现实主义建筑创作路线，尊重人，尊重自然。他态度谦和，建筑作品如同其人，给人以谦逊平和、内敛大气的感受。据说他平时随身携带钢尺，处处留心，对工作一丝不苟。

民国时期的建筑创新，既有对传统建筑体系的传承，亦有对西方建筑思潮的吸收；既保留着民族的文化精髓，又融合了西方人文的审美，正是在中西方文化的伟大交融中，才浓缩出一个时代的文化印象。这样高超的建筑设计创新精神，给世界文明增砖添瓦，值得我们所有人学习、肯定。

建筑设计本身是一种技术与艺术的结合，技术可以保障设计的工程质量、成本、效率等环节的实现符合预期；艺术则可以满足人们对空间表现、功能使用、精神享受的需求，两者缺一不可。建筑设计的艺术创造，必须具有民族性、功能性，才能给人带来舒适、惬意的空间享受，才能经得住时间的洗礼和岁月的检验，有顽强的生命力。

9.1.2 文化艺术创作精神的传承

民国时期的建筑设计师大多有留学经历，对国外科学技术和文化艺术，都有深入的研究，同时，他们又受到深厚的传统文化的熏陶，立足民族和传统的思想观念根深蒂固，因而逐步走出一条中西兼蓄的发展道路，也是他们当时进行城市建设、建筑设计，以及建筑文化艺术创作的拼搏之路。这种文化精神对今天从事建筑环境设计、城市建设、建筑艺术教育等事业的我们来说，具有强烈的启示作用。

民国建筑文化也是我国传统文化的重要组成部分，南京的民国建筑文化初步形成了一套国人心目中的建筑体系和文化精神价值体系，这种民国风的设计方法、创作观念，也是一笔丰富的文化遗产。后人将这份文化遗产进行科学梳理、详细研究、总结和提炼，再上升为行之有效的理论体系，用于指导当代的建筑环境设计实践，才能使得我们的设计创作具有更深厚的文化底蕴，也有了建筑文化艺术传承的民族精神。中西建筑文化同为全人类共有的财富，有必要在新时代背景下，加强继承、发展、学习和交流。

民国建筑师们以极高的职业素养、民族振兴的担当以及救亡图存的信心来开展建筑设计并实现个人的理想抱负，为国家做出了应有的贡献。中华人民共和国成立后，不少建筑师继续为新中国的基础建设鞠躬尽瘁，奉献自己的才智与学识，为祖国发展不懈努力。老一代建筑师的爱国精神和艺术创新精神，值得后辈学习。

南京民国时期的建筑师、设计师、工匠们，具有优秀的专业品质，力求将各种建筑形式做到极致。在当代，建筑设计对民国建筑艺术的传承要体现创新性，用发展的眼光看待问题，而不是一味地模仿，这才是真正的传承。

9.1.3 工匠精神的时代传承

工匠的首要职责就是造物，技艺是造物的重要前提之一。技艺为骨，匠心为魂，工匠的本质是精业与敬业。民国时期的工匠依靠高超的手艺、过硬的质量获得公众的认可和市场的青睐，只有将好的作品、好的造物技艺呈现出来，才能赢得国人的认可。如果其质量不好的作品流传到市面上，会成为他们职业生涯的污点。所以，民国时期的工匠们对质量和品质会进行主动改造和提升。

我国古代建筑，如寺庙、住宅等，从选址、规划、建造到造景，除有极少数官吏、文人参与之外，大多由工匠主持和实施。而这些工匠几乎全部是家族传承、师徒传教，他们从小通过祖辈、师辈的口耳相传和躬亲示范，依靠宗族和师徒关系，一代代的发展建筑装饰理论及技法。在这种传承过程中，处处渗透着传统文化的精髓、匠人的良知，所以民族传统在内容和形式上才会长久保持。

现代社会中，工匠精神是建筑遗产保护与传承的"根与魂"，工匠精神也离不开创新沃土、离不开有作为的传承。今天的建筑师、设计师和工匠等，都要有对社会和时代负责、对业主和项目负责的态度，做好本职工作。我们挖掘民国建筑的设计精神、中西兼容并包的特色，是对城市建设、建筑艺术营造思维体系下所包含的工匠精神的当代诠释。

建筑艺术的发展是动态的，是随着时代变迁、社会价值观、人类创新精神的进步而变化的。对今天的建筑师、设计师来说，怎样将传统文化创造性转化，以获得创新性发展，对于建筑艺术来说至关重要。

9.2 建筑风格的传承

　　民国风格的建筑设计在建造工艺、设计手法、材料运用及艺术文化表现、艺术特征表达等方面，都具有独特的韵味、艺术感染力和鲜明的时代特点,完全有传承的必要性。

　　民国时期的建筑风格是我国近代建筑发展的重要形式和成果。南京留存至今的各类民国建筑，其种类、功能、风格多种多样，具有较高的历史文化价值、经济价值，是继承和传承民族建筑艺术、世界优秀建筑艺术的可贵实物资料和信息源。因此，要保护好这些民国历史建筑遗产，以延续历史文脉，强化城市特色。同时，在现代城市的发展变化过程中，这些建筑的存在也有着重要的现实意义，一方面，可以回味历史，感受城市风貌的多样性；另一方面，可以对建筑的发展、创新以及文化符号的传承、艺术元素的再现和风格再创造起到促进作用。

9.2.1 以中为主、以洋为辅建筑风格的传承

　　民国建筑的类型、风格虽然有很多，但总体而言，以中为主、以洋为辅的建筑风格占比较大，得到大众的认可。现在的城市建设、建筑设计，更应该突出传统，彰显我们本民族的艺术文化特色。民族自信心、凝聚力的构建需要借助优秀建筑来体现。南京民国建筑中，大多数以中为主、以洋为辅的技术改造、艺术处理，符合国人集体性的审美，也是

旧建筑艺术得以传承的关键。

南京民国建筑本身及其所处的社会时代背景，反映了民国时期的历史文化和社会风貌，体现了那个时代独有的魅力。民国时期是我国封建王朝结束、新时代崛起的转折时期，中华民族经历了漫长的时代变迁、历史更迭，文化血脉和人民的凝聚力还是完整的，南京民国建筑风格必然要突显民族传统文化的特征，使用传统建筑的代表性构件、符号、纹样等，以中为主、以洋为辅的建筑风格因此产生。

南京民国建筑及其他城市的民国建筑，其人文精神的价值是不可估量的。现在许多建筑师都意识到中国需要有体现自己民族精神和地域特色的设计之风，民国建筑中人文精神的传承发展对于现代建筑设计具有十分重要的影响。

西方建筑是美的，中国传统建筑也是美的，是不同文化信仰、不同种族人类的集体创造和集中智慧的体现，也是人们对天地自然、文化艺术、生存环境、生活方式、精神追求等的向往与展现，是建筑师、设计师的思想精神集体性、综合性的表达。

9.2.2 以洋为主、以中为辅建筑风格的传承

在民国时期，不光是在首都南京，广州、上海、天津、青岛、武汉、重庆等都有很多西洋风格的建筑。但是，通过对比我们可以发现，南京民国建筑的风格更加突出中西合璧，而不是完全意义上的西洋化。

民国期间，整个社会动荡不安、战事不断，城市建设和发展受到很大影响。在这样的时代背景下，民族建筑产业能够坚持自我发展、不断前进、自成风格，难能可贵。

我国建筑发展史从来都是一部允许不同文化相互碰撞、兼收并蓄的历史。以洋为主、以中为辅的建筑风格中，以洋为主，是指建筑主体风格较多体现西洋建筑的特点，并不是对外国文化、价值观的照搬。西洋建筑的造型、风格、空间和陈设，更加符合人的使用需求。同时，传统建筑符号、建筑装饰艺术也融入其中，形成了极具特色的建筑风格。

9.3 装饰艺术的传承

　　民国时期的建筑装饰，在吸收外来装饰艺术文化的同时，探索中华民族从封建社会向现代社会转变的文化新内涵、国人新的精神需求和文化潮流。我们当代人需要进一步思考如何将新的民族文化内涵运用到自己的建筑设计、室内表现创作之中，又如何使它展现出来。

　　民国建筑艺术中的内外部装饰的装饰符号、元素、手法和表现力，都是需要当代人领悟、学习和继承的，只有深入了解了民国建筑装饰艺术的内核，才能将其运用到当代实践创作中，才能创造出符合国人审美并展现当代建筑技艺、城市品牌影响力的经典作品，这对于当代建筑规划、设计、装饰来说，有着重要的意义。

9.3.1 民国室内设计风格再现的传承

　　随着社会、经济的飞速发展，生活节奏愈来愈快，人们不仅追求物质上的满足，更加追求精神上的享受。在建筑装饰，尤其是室内设计方面，大众已经厌倦了简欧、中式、地中海、新古典、日式、北欧等装饰风格，对室内设计师的技术水平提出了更高的要求，这就需要设计师进一步挖掘装饰艺术风格，加强自身艺术文化的修养，在传承和发展中找出一种破解思路。而南京拥有这么多丰富、厚重的民国建筑装饰艺术元素，利用其引导室内设计市场的需求，创新中国传统艺术文化脉络，设计出更多、更好的民国风格室内设计作品，来推动当代室内设计消费市场，这是一个很好的传承策略。

室内设计是建筑设计的延续，也是研究建筑内部空间界面处理及装饰的一门学科，它涉及建筑结构、装饰工艺、材料、家具陈设、艺术造型、使用功能等诸多方面的内容。在我国室内设计的发展过程中，民国时期的室内空间设计不论是在技术手法、艺术表现，还是在元素符号、材料等的运用上，都出现了新的变化，并对后世相关设计的发展有着极为重要的借鉴意义。当今，对于民国风格在室内设计中的应用，多数设计师在形式上都采用了"重塑"的设计手法，而这种设计方法对当代室内设计中的民国风格的进一步发展起到了积极的促进作用[1]。"重塑"，即通过对民国建筑室内环境、设计元素的诠释，建立起人们对建筑艺术、装饰文化的认同感以及继承民国时期建筑技艺的信心。同时，在深刻理解民国风格所代表的深层次文化内核和现代精神实质的基础上，勇于创新、大胆借鉴，设计出风格更加突出、民国风鲜明的、优秀的居住空间和室内环境。

当下的设计师、建筑师，再现民国室内设计风格时，应注意以下几点：（1）主体结构上，要协调各种设计元素。民国建筑在主体结构方面，减少或者脱离了我国传统的木梁架体系、榫卯结构，大型纪念建筑、公共建筑、工业建筑、文教建筑等都采用了当时先进的钢筋混凝土结构，相比较而言，该结构比传统的木梁架结构更为耐用、结实。于是，民国时期的建筑师们尝试在西方现代建筑结构的基础上，融入传统中式的装饰元素，进行折中主义的概念处理，产生和谐之美。（2）色彩上，要充分发挥色彩的识别功能，并将其趋向于统一，尽可能减少或不用凌乱花哨的设计，使室内空间大气、简洁。（3）采光上，要充分运用自然环境中的光、影、风韵等，打造理想的民国时期居室，即"居室的方向应该朝南，使阳光时时能够射入"，这不仅使人与自然能时时"对话"，更有利于人的健康

1. 薛岩，赵岳峻.民国风格在当代室内设计中的传承与发展——以"重塑"设计手法的应用为例[J].大众文艺，2014(24):93-94.

及保持室内的卫生环境。（4）转化上，要积极领悟、总结出传统民国风格的室内设计特征和艺术魅力，将之与现代的生活方式、审美要求及心理需要相适应，并与新的技术和工艺相结合，从而达到与现代建筑需求、当代室内设计理念完美结合的目的。

9.3.2 民国中西"混搭"风格的传承

作为炎黄子孙，传承、发扬本国的优秀传统艺术文化，是我们义不容辞的责任。在当代室内设计领域中更好地传承中国传统历史艺术文脉，尤其是展现南京民国建筑装饰艺术风采，再现中西智慧结晶，是传承的一个很好的做法。

民国时期的建筑师、设计师、工匠们，对于我国传统元素与西方新设计元素的融合，以及对建筑新需求、新材料、新技术的运用，从某种程度上来说属于"混搭"，不仅是中西文化元素的简单拼接，更是多种建筑要素的再组合、再创新。这种"混搭"风格，体现了以人为本、自由、科学的设计理念与思想，满足了建筑使用者、时代的需求，注重设计的功能性和生活的舒适性。通过对民国室内设计风格的理解，可以对当代"新中式"风格或者"新混搭"风格给予一些借鉴与启示。比如：（1）要传承民国风格设计的时代包容性。南京民国建筑中西"混搭"风格的传承、借鉴，要突出其包容性，在全球化面前，建筑市场与装饰市场所展示的室内设计中的造型、色彩、空间组织、材质、技术等元素，都是建筑师、设计师需要去大胆借鉴、结合的。（2）要突出混搭的和谐性。民国建筑风格的混搭，不是随意的拼凑。在多元化的现代文化背景中，元素的结合、混搭，促进了建筑设计、室内设计风格的更新与发展。是近代以来，我国建筑文化、装饰艺术及其相关领域突破封建社会思想禁锢、寻求新发展道路的一次革命。提高人的本能需求和自然的精神审美，才是建筑应该回馈社会、民众的终极目标。

今后，在理解与探索传统建筑和西方建筑的人文精神的过程中，我们要努力寻找如何实现现代建筑在秉承传统建筑人文精神、建筑工艺的同时，还能融入时代气息，给现代建筑技术予以新的表现方法。这对中国传统文化的继承和对现代建筑风格的创新发展来说，具有重要的指引意义和价值。笔者认为，只有在传承中不断地创新、优化，才能升华出当代建筑审美与居住价值的民国意趣，进而才能将南京这座城市的过去和现在串联起来，并去影响、引导明天的幸福生活、城市文化。

《中国文物古迹保护准则》中提出[1]："保护是指为保存文物古迹实物遗存及其历史环境进行的全部活动。"保护是通过一定的技术措施来消除文物建筑本体和周边环境的安全隐患，对已经受到的损害进行挽回、补救，从而真实、完整地保存文物建筑的历史信息及艺术价值，绝对不允许为利用而损害文物古迹的价值。一代人与一代人的成长环境不同，传承前人的集体智慧，需要了解历史和技法的根源，才能让后人获得心理上最大的接受与认可，更好地传承优秀的建筑装饰文化。

做好南京民国建筑的保护和艺术传承，首先要厘清这些优秀的民国建筑的艺术魅力、建筑文化特征和背后的时代背景、精神价值，然后结合城市发展、国家发展的需要，针对建筑艺术、装饰技术等的特点进行深入研究。只有将保护和传承结合起来，才能在保护中传承，在传承中发展。

1. 叶杨.《中国文物古迹保护准则》研究 [D]. 北京：清华大学，2005.

参考文献

[1] 瞿震.南京民国建筑元素的探究与应用 [D].济南：齐鲁工业大学，2019.

[2] 方雪，冯铁宏.一位美国建筑师在近代中国的设计实践——《亨利·墨菲在中国的适应性建筑 1914—1935》评介 [C]//2010 年中国近代建筑史国际研讨会论文集，2010：564-573+683.

[3] 徐厚裕.南京民国时期的建筑师 [J].建筑工人，2004（9）：1.

[4] 李薇.建筑巨匠杨廷宝 [J].中国档案，2018（10）：82-83.

[5] 杨永生，明连生.建筑四杰 [M].北京：中国建筑工业出版社，1998.

[6] 佚名.20 世纪中国已故著名建筑师专辑 [J].重庆建筑，2012，11（12）：1.

[7] 祁建.中山陵设计者吕彦直 [J].炎黄纵横，2019（12）：38-39.

[8] 卢洁峰."中山"符号 [M].广州：广东人民出版社，2011.

[9] 佚名.民国时开发商叫"营造厂""四大金刚"造中山陵 [N].扬子晚报，2009-12-02.

[10] 周益，陈璐.陆根记营造厂：从百乐门到军统魔窟 [N].周末报，2007-08-02.

[11] 杨新华，杨小苑.南京民国建筑图典 [M].南京：南京师范大学出版社，2016.

[12] 赵姗姗.南京颐和路街区近代规划与建筑研究 [D].南京：东南大学，2017.

[13] 张娟.民国南京外交部大楼的建筑文化 [J].档案与建设，2014（10）：62-65.

[14] 李丽田.西方折衷主义建筑风格的历史价值 [J].湖南城市学院学报（自然科学版），2010，19（1）：33-36.

[15] 李华东.西方建筑 [M].北京：高等教育出版社，2010.

[16] 杨晓.浅谈建筑中的老虎窗 [J].建材技术与应用，2015（4）：27-29.

[17] 朱飞，张晖.南京民国总统府建筑群色彩谱系研究 [J].包装工程，2018，39（24）：301-308.

[18] 张颖泉，吴智慧.民国时期政府办公家具及室内空间的色彩模型分析 [J].林业工程学报，2017，2（6）：150-156.

[19] 陆洋.乾隆、溥仪器物考——紫禁城走来的西洋景儿 [J].齐鲁周刊，2015（48）：20-21.

[20] 吴宇，王志贤，杨思琪.南京民国建筑价值及其再利用途径探讨 [J].现代商贸工业，2016（34）：1.

[21] 曾新强.浅议南京民国建筑的现状与保护 [J].经济研究导刊，2014(24)：169-170.

[22] 闫妮，万全友.南京民国建筑保护与旅游开发研究 [C]//2006 年文化遗产保护与旅游发展国际研讨会论文集，2006.

[23] 徐竞之.南京民国建筑保护与利用 [D].南京：南京师范大学，2018.

[24] 姜继红，王丽欣.民国建筑的保护利用——以沈阳地区为例 [J].中国房地产业，2020（9）：32-34.

[25] 王婕妤.南京首次公布 16 个文物保护修缮示范案例 [N].南京日报，2020-06-12.

[26] 崔卫新.民国建筑修缮保护与更新的价值研究 [J].港口经济，2020(24)：107-108.

[27] 薛岩，赵岳峻.民国风格在当代室内设计中的传承与发展——以"重塑"设计手法的应用为例 [J].大众文艺，2014（24）：93-94.

[28] 叶杨.《中国文物古迹保护准则》研究 [D].北京：清华大学，2005.

跋

建筑是时代的缩影，好的建筑作品也是文明进步、艺术发展传承的结晶。建筑大师梁思成先生曾经说过，"城市是一门科学，它像人体一样有经络、脉搏、肌理"。南京的民国建筑正如古城南京的筋脉，从不同类型、风格的民国建筑里，我们能了解那个时代的风貌。

在介绍和研究南京民国建筑以及中西建筑文化的过程中，我发现了很多优秀的民国建筑遗存，这些建筑，有的自建成至今，风貌依旧；有的是初建后被破坏又重建、复建；有的则经过多次修缮；有的是初建未完成，后来改建、翻建，可能已经失去了原本的风格与色彩。但是，这些建筑历经时代变迁，有的仍在使用，十分难得。因此，我们不仅要了解，更要保护和利用这些建筑实物，尤其是要把这种建筑艺术风格传承下来，应用到现在的城市设计、建筑设计、装饰空间设计、景观打造之中。

本书提到的建筑的建造时间、地点等信息，以及其他的史料性信息，力求准确、完善，但因收集范围、深度、能力的影响，或许与实际情况存在出入，请读者提出宝贵建议。本研究的侧重点不是史料的收集，而是围绕南京民国建筑装饰艺术本身，着重论述这些建筑的风格、样式、造型和人居关系等。通过对民国时期时代背景、建筑艺术特点的论述，一方面引导人们关注和保护它们，另一方面希望在建筑、装饰、环境艺术等设计领域会有更多人运用这种风格，尤其是南京的民国建筑风格。

对于南京民国建筑装饰艺术的研究，还有很多的未知范畴和领域，值得我们进一步挖掘。